高职高专"十三五"建筑及工程管理类专业系列教材

建筑装饰制图与识图

主 编 韩朝霞 吴伟轩 段晓伟

Construction
Project

U0275956

西安交通大学出版社
XI'AN JIAOTONG UNIVERSITY PRESS

内 容 提 要

　　本书以应用为目的，以必需、够用为原则，精简画法几何内容，增强专业施工图的内容。介绍了建筑装饰制图基本知识，投影基本知识，点、直线、平面的投影，立体的投影，轴测图，建筑装饰剖面图和断面图，房屋建筑施工图和建筑装饰施工图等内容。

　　本书内容精练、重点突出、通俗易懂，可作为高职高专院校建筑设计、建筑学、建筑装饰等相关专业的必修或选修课教材，也可作为建筑行业从业人员的岗位培训教材和参考书。

前　言

　　《建筑装饰制图与识图》是建筑装饰工程技术专业方向的学科基础课,是一门研究用投影法绘制工程图的理论和方法的课程。结合专业学习建筑制图,使学生通过本课程的学习,能阅读和绘制简单的建筑施工图,为学习后续课程打基础。其任务是学习正投影图的投影法原理、图样画法,培养形象思维能力,了解国家制图标准,培养绘制和阅读简单的建筑工程图和装修施工图的基本能力。与此同时培养学生认真细致、严谨负责的工作作风。本课程只能为培养学生的绘图能力和读图能力打下初步基础,因此,在后继课程中,应继续培养和提高这种能力。

　　建筑装饰制图被喻为建筑装饰技术界共同的"技术语言"。本书以应用为目的,以必需、够用为原则,精简画法几何内容,增强专业施工图的内容。采用以任务为导向的编写方式,打破系统性,以引例提出任务,阐述知识点。注重密切结合工程实际,专业例图来源工程实际,并附实际施工图供实训使用,便于学生理论联系实际,有利于提高学生识读施工图的能力,使教材更贴近工程实际,符合职业能力培养的要求。贯彻新的国家制图标准。力求严谨、规范,叙述准确,通俗易懂。

　　制图要遵守相关的标准,故本书主要依据《房屋建筑制图统一标准》(GB 50001—2010)、《总图制图标准》(GB 50103—01)、《建筑制图标准》(GB 50104—01)、《建筑结构制图标准》(GB 50105—10)等。

　　本教材由甘肃建筑职业技术学院韩朝霞老师担任第一主编,甘肃建筑职业技术学院吴伟轩老师担任第二主编,甘肃建筑职业技术学院段晓伟老师担任第三主编。本书的编写分工如下:韩朝霞编写第六、七、八章,吴伟轩编写第二、三、五章,段晓伟编写第一、四章。

　　由于编写时间仓促,难免有不妥和错误之处,敬请专家和读者批评指正。

编者

2016 年 10 月

目录

第一章
建筑装饰制图基本知识

第一节　基本制图标准

建筑工程图是表达建筑工程设计的重要技术资料,是建筑施工的依据。为统一工程图样的画法,便于交流技术和提高制图效率,国家制定了一系列标准。制图基本知识包括《房屋建筑制图统一标准》(GB/T 50001—2001)中关于制图的基本规定、绘图工具和仪器的使用以及几何作图等。

一、图纸幅面规格

1. 图纸的幅面

图纸的幅面是指图纸尺寸规格的大小,图1-1为图纸基本幅面的尺寸。图框是指在图纸上绘图范围的界线。图纸幅面及图框尺寸应符合表1-1规定的格式。一般 A0～A3 图纸宜横式使用,必要时也可立式使用。如果图纸幅面不够,可将图纸长边加长,短边不得加长,且符合表1-2中的规定。

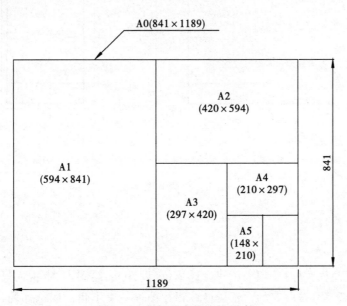

图 1-1　图纸基本幅面的尺寸

表 1-1 幅面及图框尺寸(mm)

尺寸代码 \\ 幅面代号	A0	A1	A2	A3	A4
$b×l$	841×1189	594×841	420×594	297×420	210×297
c	10			5	
a	25				

表 1-2 图纸长边加长尺寸(mm)

幅面尺寸	长边尺寸	长边加长后尺寸									
A0	1189	1486	1635	1783	1932	2080	2230	2378			
A1	841	1051	1261	1471	1682	1892	2010				
A2	594	743	891	1041	1189	1338	1486	1635	1783	1932	2080
A3	420	630	841	1051	1261	1471	1682	1892			

注:有特殊需要的图纸,可采用 $b×l$ 为 841mm×891mm 与 1189mm×1261mm 的幅面。

2. 图纸的使用方式

图纸的使用方式有两种:横式和立式。如图 1-2 所示。

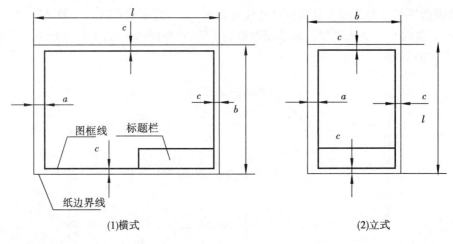

(1)横式　　　　　　　　　　(2)立式

图 1-2 横式和立式

二、标题栏及会签栏

1. 标题栏

图纸标题栏(简称图标)是用来填写设计单位(设计人、绘图人、审批人)的签名和日期、工程名称、图名、图纸编号等内容的。标题栏放置在图框的右下角。图纸标题栏应按图 1-3 的格式分区绘制。

校　　名			班级		图号	
	专业		学号		成绩	
制图		（日期）	图　名			
审核		（日期）				

图 1-3　标题栏

2. 会签栏

会签栏是指工程建设图纸上由会签人员填写所代表的有关专业、姓名、日期等的一个表格，应放在左上角图线框外，其尺寸应为 100mm×20mm，不需要会签的图纸可不设会签栏。对于学生在学习阶段的制图作业，建议不设会签栏。

三、图线

1. 图线的用途与分类

建筑工程图的图线线型如表 1-3 所示。有实线、虚线、点划线、双点划线、折断线、波浪线等。每种线型（除折断线、波浪线外）又有粗、中、细三种不同的线宽。如表 1-4 所示。

表 1-3　线型

虚线	粗	▬ ▬ ▬ ▬ ▬	b	见各有关专业制图标准
	中	- - - - - - -	$0.5b$	不可见轮廓线
	细	--------	$0.25b$	房屋地上部分未剖切到亦看不到的构件
单点长划线	粗	▬ · ▬ · ▬	b	结构平面图中梁、屋架的位置线
	中	— · — · —	$0.5b$	平面图中的吊车轨道线等
	细	- · - · - · -	$0.25b$	中心线、对称线、定位轴线等
双点长划线	粗	▬ · · ▬ · · ▬	b	见各有关专业制图标准
	中	— · · — · · —	$0.5b$	见各有关专业制图标准
	细	- · · - · · -	$0.25b$	假想轮廓线、成型前原始轮廓线
折断线		⌇	$0.25b$	断开界线
波浪线		～～～	$0.25b$	断开界线

表 1-4　线宽组(mm)

线宽比	线宽组					
b	2.0	1.4	1.0	0.7	0.5	0.35
$0.5b$	1.0	0.7	0.5	0.35	0.25	0.18
$0.25b$	0.5	0.35	0.25	0.18	—	—

注：1. 需要微缩的图纸，不宜采用 0.18mm 及更细的线宽。

2. 同一张图纸内，各不同线宽中的细线，可统一采用较细的线宽组的细线。

2. 绘图时注意的事项

(1)相互平行的图线,其间隙不宜小于其中粗实线的宽度,且不宜小于 0.7mm。

(2)虚线、点划线或双点划线的线段长度和间隔,宜各自相等。

(3)点划线或双点划线,当在较小图形中绘制有困难时,可用实线代替。

(4)点划线或双点划线的两端,不应是点;点划线与点划线交接或点划线与其他图线交接时,应是线段交接。

(5)虚线与虚线交接或虚线与其他图线交接时,应是线段交接。虚线为实线的延长线时,不得与实线连接。

(6)图线不得与文字、数字或符号重叠、混淆。不可避免时,应首先保证文字等的清晰。

四、字体

1. 汉字

图样中的汉字采用国家公布的简化汉字,并用长仿宋字体。长仿宋体汉字的高度应不小于 3.5mm,一般的文字说明采用 3.5 或 5 号字,各种图的标题多采用 7 或 10 号字。长仿宋字的要领是:横平竖直、起落有锋、布局均匀、填满方格。图样中的字号系列见表 1-5。

表 1-5 长仿宋字体的规格(mm)

字高	20	14	10	7	5	3.5	2.5	1.8
字宽	14	10	7	5	3.5	2.5	1.8	1.2

10 号字　字体工整　笔画清楚　间隔均匀　排列整齐

7 号字　横平竖直　注意起落　结构均匀　填满方格

5 号字　技术制图　机制电子　汽车船舶　土木建筑

3.5 号字　播放音乐　航空工业　施工排水　供暖通风　矿山港口

2. 数字与字母

拉丁字母、阿拉伯数字、罗马数字可分为直体字与斜体字两种。一般写成斜体字。工程图样上书写的阿拉伯数字、拉丁字母、罗马数字的字高应不小于 2.5mm。

当拉丁字母单独用作代号时,不使用 I、O 及 Z 三个字母,以免同阿拉伯数字的 1、0、2 相混淆。

五、比例

建筑工程制图中,建筑物往往用缩得很小的比例绘制在图纸上,而对某些细部构造又要用较大的比例或足尺绘制在图纸上。图样的比例是指图形与实物相对应的线性尺寸之比。比例规定用阿拉伯数字表示,如 1:20、1:50、1:100 等。

对于建筑工程图,多用缩小的比例绘制在图纸上,如用 1:20 画出的图样,其线性尺寸是实物相对应线性尺寸的 20/1。比例的大小是指比值的大小,如 1:50 大于 1:100;无论图的比例大小如何,在图中都必须标注物体的实际尺寸,如图 1-4 所示。

绘图时选用哪种比例,应根据图样的用途和被绘物体的复杂程度,选用表 1-6 中的比例。

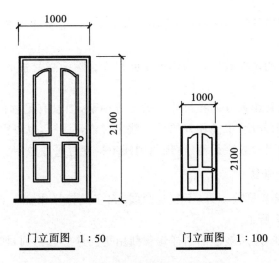

门立面图　1:50　　　　门立面图　1:100

图 1-4　用不同比例绘制的门立面图

表 1-6　绘图所用的比例

常用比例	1:1、1:2、1:5、1:10、1:20、1:50、1:100、1:150、1:200、1:500、1:1000、1:2000、1:5000、1:10000、1:20000、1:50000、1:100000、1:200000
可作比例	1:3、1:4、1:6、1:15、1:25、1:30、1:40、1:60、1:80、1:250、1:300、1:400、1:600

　　图中的比例,应注写在图名的右侧。比例的字高,应比图名的字高小 1 号或小 2 号。图名下画一条粗实线(不要画两条),其长度与图名文字所占长短相当,比例下不画线,字的底线应取平,例如:立面图 1:100。当同一张图纸上的各图只选用一种比例时,也可把比例统一注写在标题栏内。

六、尺寸标注

1. 尺寸的组成及其注法的基本规定

　　图样上的尺寸应包括尺寸线、尺寸界线、尺寸起止符号和尺寸数字等四要素,如图 1-5 所示。
注意:

　　(1)尺寸线、尺寸界线用细实线绘制,尺寸线一般应与被注长度垂直,一端离开图样轮廓线不小于 2mm,另一端超出尺寸界线 2~3mm,必要时,图样轮廓线可用作尺寸界线,如图 1-6 所示。

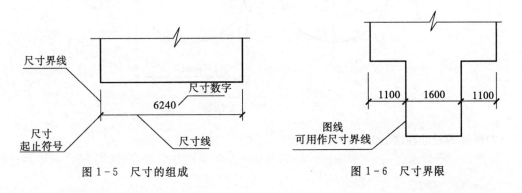

图 1-5　尺寸的组成　　　　　　　　图 1-6　尺寸界限

（2）尺寸界线应与被注线段平行，不得超出尺寸界线，也不能用其他图线代替或与其他图线重合。

（3）图样上所注写的尺寸数字是物体的实际尺寸。除标高及总平面图以米为单位外，其他均以毫米为单位。

（4）尺寸数字应依其读数方向在尺寸线的上方中部，如没有足够的注写位置，最外面的数字可注写在尺寸界线的外侧，中间相邻的尺寸数字可错开注写，也可引出注写。

（6）为保证图上的尺寸数字最清晰，任何图线不得穿过尺寸数字。

2. 尺寸的排列与布置

尺寸宜注写在图样轮廓线以外，不宜与图线、文字及符号相交。必要时，也可标注在图样轮廓线以内，如图1-7所示。

互相平行的尺寸线，应从被注的图样轮廓线由里向外整齐排列，如图1-8所示。

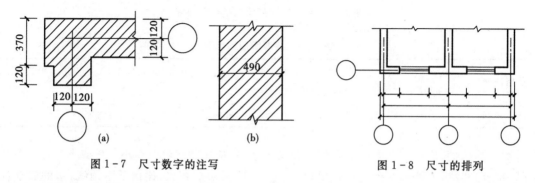

图1-7 尺寸数字的注写　　　　　　　　　图1-8 尺寸的排列

总尺寸的尺寸界线，应靠近所指部位，中间的分尺寸的尺寸界线可稍短，但其长度相等。

3. 尺寸标注的其他规定

（1）圆的尺寸注法：圆的直径尺寸前标注直径符号"φ"，圆内标注的尺寸线应通过圆心，两端画箭头指至圆弧，如图1-9所示。

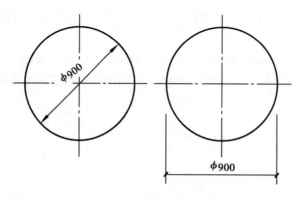

图1-9 圆的尺寸注法

（2）**圆弧的尺寸注法**：如图1-10所示。

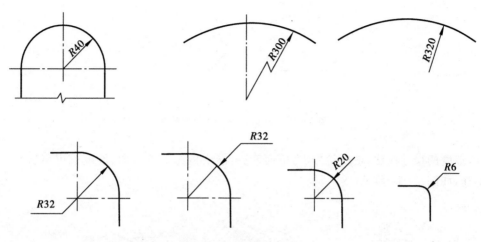

图 1-10 圆弧的尺寸注法

（3）球的尺寸注法：标注球的半径、直径时，应在尺寸前加注符号"S"，即"SR""Sφ"，注写方法同圆弧半径和圆直径，如图 1-11 所示。

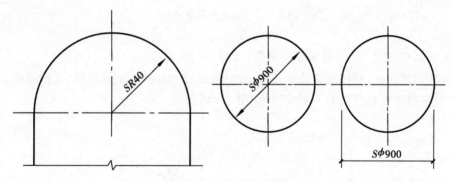

图 1-11 球的尺寸注法

（4）角度、弧度与弦长的尺寸注法：角度的尺寸线应以圆弧表示。此圆弧的圆心应是该角的顶点，角的两条边为尺寸界线。起止符号用箭头，若没有足够位置画箭头，可用圆点代替。角度数字应按水平方向注写，如图 1-12 所示。

标注圆弧的弧长时，尺寸线为与该圆弧同心的圆弧线，尺寸界线垂直于该圆弧的弦，起止符号用箭头表示。弧长数字上方应加圆弧符号"⌒"，如图 1-13（a）所示。

标注圆弧的弦长时，尺寸线应平行于该弦的直线，尺寸界线垂直于该弦，起止符号用中粗斜短线表示。如图 1-13（a）所示。

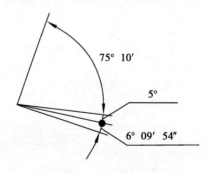

图 1-12 角度的尺寸注法

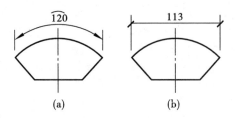

图 1-13　弧长与弦长的尺寸注法

（5）坡度的尺寸注法：坡度符号，为单面箭头，箭头指向下坡方向，坡度也可用直角三角形形式标注，如图 1-14 所示。

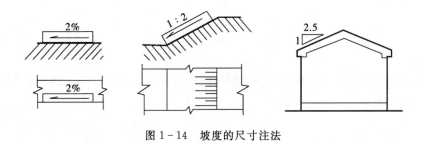

图 1-14　坡度的尺寸注法

（6）薄板厚度注法："t"为薄板厚度符号，如图 1-15 所示。

（7）杆件尺寸注法：杆件或管线的长度，在单线图（桁架简图、钢筋简图、管线简图）上，可直接将尺寸数字沿杆件或管线的一侧注写，如图 1-16 所示。

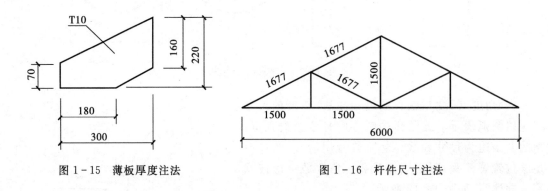

图 1-15　薄板厚度注法　　　　　　　图 1-16　杆件尺寸注法

第二节　制图工具及使用

为了提高图面质量，加快绘图速度，应了解各种绘图工具和仪器的性能及其使用方法。绘图工具包括：铅笔、图板、丁字尺、三角板、圆规、分规、上墨笔等。

一、图板

图板是绘图时用来铺放图纸的矩形案板，如图 1-17 所示。图板一般有 0 号（900mm×1200mm）、1 号（600mm×900mm）和 2 号（400mm×600mm）三种规格，做制图作业时可选用 1

号图板。图板是用来铺放制图纸张的,因此必须固定好,并用胶带将图纸粘接在图板上。图板必须要保持平整光滑和干燥,平时使用图板时要注意保护图板的边,并且防止图板受潮。

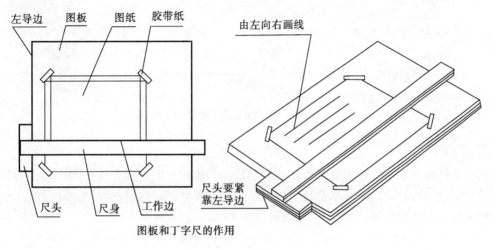

图板和丁字尺的作用

图1-17　图板与丁字尺

二、丁字尺

丁字尺是用来绘制直线的。使用时必须保持尺头内侧面紧贴图板工作边。丁字尺由尺头和尺身构成,尺头和尺身相互垂直,尺身沿长度方向带有刻度(或带有斜面)的侧边为丁字尺的工作边,如图1-18所示。使用时,左手握尺头,使尺头的内侧紧靠图板的左侧边,右手执笔,沿丁字尺的工作边自左至右画线。如图1-19所示。

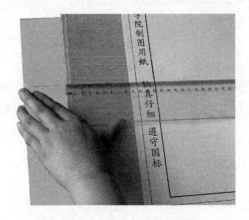

图1-18　手握丁字尺的姿势

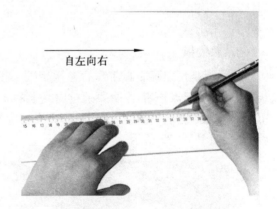

自左向右

图1-19　用丁字尺画水平线

三、三角板

绘图时要准备一副三角板(一块为45°角,一块为30°角和60°角)。如图1-20所示。

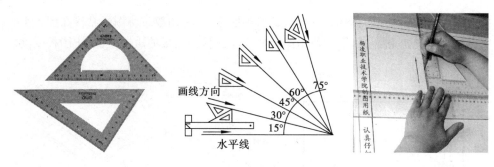

图 1-20　用三角板画线

四、比例尺

比例尺是用来按一定比例量取长度的专用量尺。比例尺的使用方法是：首先，在尺上找到所需的比例，然后，看清尺上每单位长度所表示的相应长度，就可以根据所需要的长度，在比例尺上找出相应的长度作图，如图 1-21 所示。

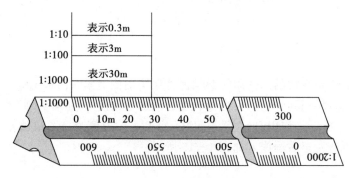

图 1-21　比例尺

五、曲线板

曲线板是用于画非圆曲线的工具，用曲线板画曲线的方法是：在曲线板上选取相吻合的曲线段，从曲线起点开始，至少要通过曲线上的 3～4 个点，并沿曲线板描绘这一段密合的曲线，用同样的方法选取第二段曲线，两段曲线相接处，应有一段曲线重和。如此分段描绘，直到最后一段，如图 1-22 所示。

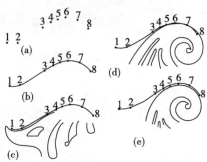

图 1-22　曲线板及用法

六、铅笔

绘图用的铅笔的铅芯有各种不同的硬度,分别用"H"和"B"表示,H前的数字越大,表示铅芯越硬;B前的数字越大,表示铅芯越软。常用型号为 HB、2H、2B。2B画粗线用,HB画虚线或写字用,2H则用来画细线。用来画粗线的铅笔笔尖要磨成矩形,其他铅笔的笔尖则磨成圆锥形,如图1-23所示。

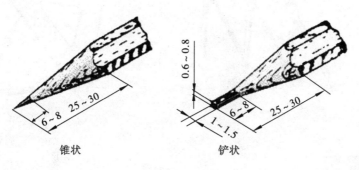

锥状　　　　　　　铲状

图1-23　铅笔

七、圆规与分规

1. 圆规

圆规是画圆、圆弧的主要工具。在一般情况下画圆或圆弧时,应使圆规按顺时针方向转动,并稍向画线方向倾斜,在画较大的圆或圆弧时,应使圆规的两条腿都垂直于纸面。如图1-24所示。

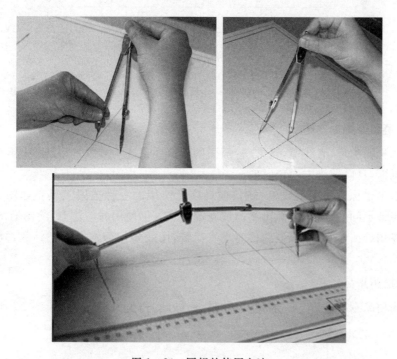

图1-24　圆规的使用方法

2. 分规

分规是用来量取尺寸和等分线段的工具,如图 1-25 所示。

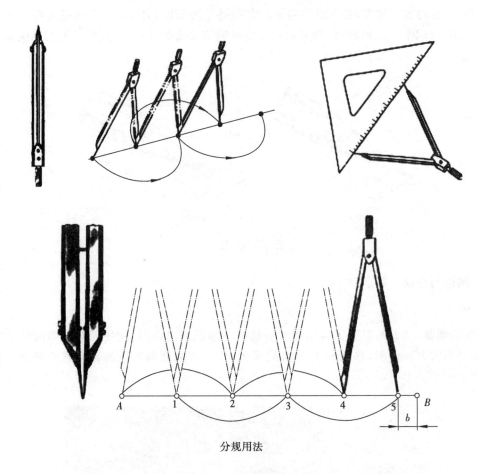

分规用法

图 1-25 分规的使用方法

八、墨线笔和绘图墨水笔

墨线笔也称鸭嘴笔、直线笔,是上墨、描图的仪器。正确的笔位是墨线笔与尺边垂直,两叶片同时垂直纸面,且向前进方向稍倾斜。

绘图墨水笔也称自来水直线笔,是目前最广泛使用的一种描图工具。如图 1-26 所示。它的针管有粗细不同的规格,可画出不同线宽的墨线。但使用时应注意:绘图墨水笔必须使用碳素墨水或专用绘图墨水,以保证使用时墨水流畅,用后要用清水及时把针管冲洗干净,以防堵塞。

九、常用绘图用品

常用绘图用品有橡皮、小刀、擦图片、胶带纸、砂纸、建筑模板等,如图 1-27 所示。

图 1-26　墨线笔和绘图墨水笔

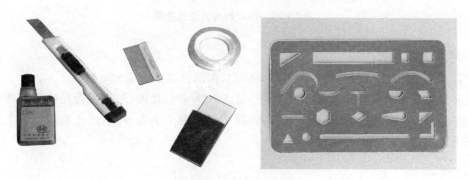

图 1-27　常用绘图用品

第三节　几何作图方法

图样是由几何图形组合而成的,绘制平面图形需要将几何知识和作图技巧两者相结合。以下介绍一些常用的几何作图方法。

一、等分线段

如图 1-28 所示为分直线段 AB 为五等分。

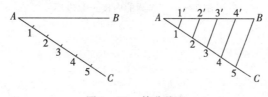

图 1-28　等分线段

过点 A 作与 AB 成任意夹角的直线 AC,用直尺在 AC 上从 A 点起截取整数刻度的五等分,得五个等分点;连接 B 和最后一个等分点5,然后过其他等分点作直线平等于 $B5$,交 AB 与四个等分点,如图 $1-28$ 所示。

二、等分圆周及正多边形

1. 五等分圆周和正五边形

作图步骤如图 $1-29$ 所示:确定 OB 的中点 P;以 PC 为半径,确定 H(CH 为五边形的边长);以 C 为圆心,CH 为半径,求 E 和 I;分别以 E、I 为圆心,CH 为半径,求 F 和 G;依次连点得五边形。

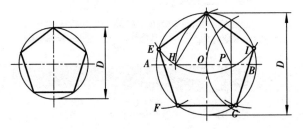

图 $1-29$ 作圆的内接正五边形

2. 任意等分圆周

现以七等分圆周为例,介绍一种近似画法,其作图步骤如图 $1-30$ 所示。

将竖身直径 AB 七等分;以 AB 为半径,端点 B 为中心画弧,与水平直径的延长线交于点 N、M,将 N、M 与各等分点相连并延长,与圆周相交得到 7 个等分点,连接圆周上的各等分点完成正七边形,如图 $1-30$ 所示。

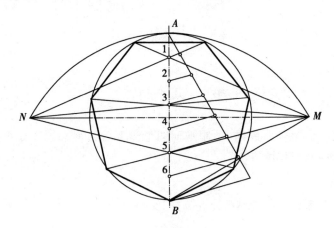

图 $1-30$ 作圆的内接正七边形

三、圆弧连接

圆弧连接，如表1-7、表1-8、表1-9所示。

表1-7　圆弧连接的原理与作图方法

类别	与定直线相切的圆心轨迹	与定圆外切的圆心轨迹	与定圆内相切的圆心轨迹
图例			
连接弧圆心的轨迹及切点位置	半径为 R 的连接圆弧与已知直线连接（相切）时，连接圆弧圆心 O 的轨迹是与直线相距为 R 且平行直线的直线；切点为连接弧圆心向已知直线所作垂线的垂足 T	当一个半径为 R 的连接圆弧与已知圆弧（半径为 R_1）外切时，则连接圆弧圆心的轨迹是已知圆弧的同心圆弧，其半径为 R_1+R；切点为两圆心的连线与已知圆的交点 T	当一个半径为 R 的连接圆弧与已知圆弧（半径为 R_1）外切时，则连接圆弧圆心的轨迹是已知圆弧的同心圆弧，其半径为 R_1-R；切点为两圆心的连线延长线与已知圆的交点 T

表1-8　圆弧连接作图

类别	用圆弧连接锐角或钝角	用圆弧连接直角
图例		
连接弧圆心的轨迹及切点位置	1. 作与已知两边分别相距为 R 的平行线，交点即为连接弧圆心； 2. 过 O 点分别向已知角两边作垂线，垂足 T_1、T_2 即为切点； 3. 以 O 为圆心，R 为半径在两切点 T_1、T_2 之间画连接圆弧	1. 以直角顶点为圆心，R 为半径作圆弧交直角两边于 T_1 和 T_2； 2. 以 T_1 和 T_2 为圆心，R 为半径作圆弧相交得连接弧圆心 O； 3. 以 O 为圆心，R 为半径在切点 T_1 和 T_2 之间作连接弧

表 1-9　圆弧连接作图

类别	外连接	内连接
图例	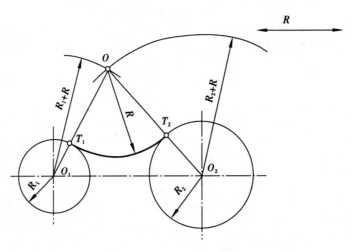	
作图步骤	1. 分别以 O_1、O_2 为圆心,$R+R_1$、$R+R_2$ 为半径画弧,相交得连接弧圆心 O; 2. 分别连 OO_1、OO_2,交得切点 T_1、T_2; 3. 以 O 为圆心,R 为半径画弧,即得所求	1. 分别以 O_1、O_2 为圆心,$R-R_1$、$R-R_2$ 为半径画弧,相交得连接弧圆心 O; 2. 分别连接 OO_1、OO_2,并延长交得切点 T_1、T_2; 3. 以 O 为圆心,R 为半径画弧,即得所求

【例 1-1】如图 1-31 所示,用半径为 R 的圆弧外切两已知圆弧。

以 O_1 为圆心,$R+R_1$ 为半径画弧,以 O_2 为圆心,$R+R_2$ 为半径画弧,两弧交于 O,以 O 为圆心,R 为半径画弧,如图 1-31 所示。

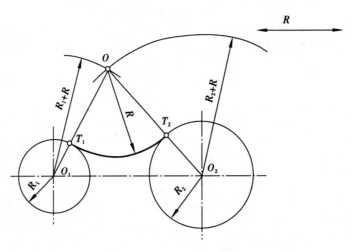

图 1-31　外切两已知圆弧

【例 1-2】如图 1-32 所示,用半径为 R 的圆弧连接两已知直线和圆弧。

作与直线距离为 R 的平行线,以 O_1 圆心,$R+R_1$ 为半径画圆弧,与所做平行线的交点 O 即为圆心,连 OO_1 与圆弧相交,其交点为 T_1、T_2,即为切点,如图 1-32 所示。

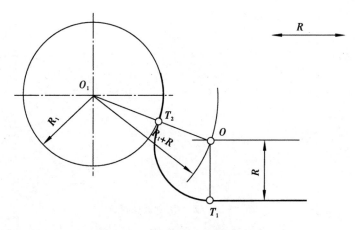

图 1-32　连接两已知直线和圆弧

【例 1-3】如图 1-33 所示,用半径为 R 的圆弧外切两已知圆弧。

分别以 O_1、O_2 为圆心,$R+R_1$,$R+R_2$ 为半径画弧,交得连接弧圆心 O;分别连 OO_1、OO_2,交得切点 T_1、T_2;以 O 为圆心,R 为半径画弧,即得所求,如图 1-33 所示。

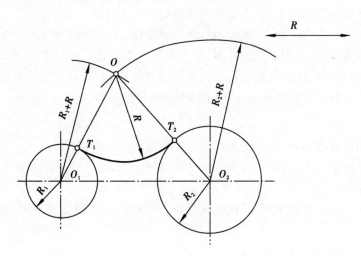

图 1-33　外切两已知圆弧

四、椭圆的画法

已知椭圆长轴 AB 和短轴 CD,用四心圆法作椭圆的步骤如图 1-34 所示。

(1)画出相互垂直且平分的长轴 AB 与短轴 CD;

(2)连接 AC,并在 AC 上取 $CE=OA-OC$,如图 1-34(a)所示;

(3)作 AE 的中垂线,与长、短轴分别交于 O_1、O_2,再作对称点 O_3、O_4,如图 1-34(b)所示;

(4)以 O_1、O_2、O_3、O_4 各点为圆心,O_1A、O_2C、O_3B、O_4D 为半径,分别画弧,即得近似椭圆,如图 1-34(c)所示。

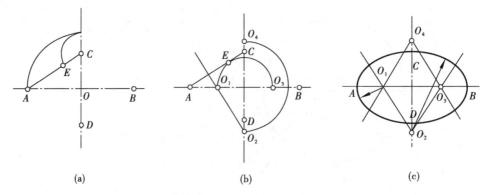

图 1-34 四心法画近似椭圆

第四节 绘图步骤与方法

1. 准备工作

(1)对所绘图样进行阅读了解,在绘图前尽量做到心中有数。

(2)准备好必需的绘图仪器、工具、用品,并且把图板、一字尺、丁字尺、三角板、比例尺等擦洗干净,把绘图工具、用品放在桌子的右边,但不能影响丁字尺的上下移动。

(3)选好图纸,将图纸用胶带纸固定在图板的适当位置,此时必须使图纸的上边对准丁字尺的上边缘,然后下移使丁字尺的下边缘对准图纸的下边。

2. 画底稿

(1)根据制图标准的要求,首先把图框线以及标题栏的位置画好。

(2)依据所画图形的大小、多少及复杂程度选择好比例,然后安排各个图形的位置,定好图形的中心线,图面布置要适中、匀称,以便获得良好的图面效果。

(3)首先画图形的主要轮廓线,其次由大到小,由外到里,由整体到局部,画出图形的所有轮廓线。

(4)画出尺寸线以及尺寸界线等。

(5)最后检查修正底稿,改正错误,补全遗漏,擦去多余线条。

3. 铅笔加深

(1)加深图线时,必须是先曲线,其次直线,最后为斜线。各类线型的加深顺序为:细单点长画线、细实线、中实线、粗实线、粗虚线。

(2)同类图线要保持粗细、深浅一致,按照水平线从上到下、垂直线从左到右的顺序依次完成。

(3)最后画出起止符,注写尺寸数字、说明,填写标题栏,加深图框线。

4. 注意事项

(1)画底稿用 2H 或 3H 的铅笔,所有的线应轻而细,不可反复描绘,能看清就可以了。

(2)加深粗实线用 HB 或 B、2B 的铅笔,加深细实线用 H 或 HB 的铅笔,加深圆弧时所用的铅芯,应比加深同类直线所用的铅芯软一号。

（3）修正时，如果是铅笔加深图，可用擦图片配合橡皮进行，尽量缩小擦拭的面积，以免损坏图纸。

思考题

1. 图线的画法有哪几点要求？

2. 一个完整的尺寸应包括哪四个要素？线性尺寸、角度、圆及圆弧尺寸的标注要点是什么？

第二章

投影基本知识

第一节　投影及其分类

一、投影的概念

在日常生活中,人们经常可以看到,物体在日光或灯光的照射下,会在地面或墙面上留下影子,如图 2-1(a)所示。人们对自然界的这一物理现象经过科学的抽象,逐步归纳概括,就形成了投影方法。在图 2-1(b)中,把光源抽象为一点,称为投射中心,把光线抽象为投射线,把物体抽象为形体(只研究其形状、大小、位置,而不考虑它的物理性质和化学性质的物体),把地面抽象为投影面,即假设光线能穿透物体,而将物体表面上的各个点和线都在承接影子的平面上落下它们的投影,从而使这些点、线的投影组成能够反映物体形状的投影图。这种把空间形体转化为平面图形的方法称为投影法。

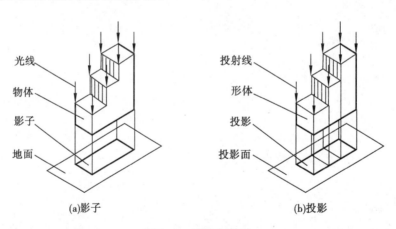

图 2-1　影子与投影

要产生投影必须具备投射线、形体、投影面,这是投影的三要素。

二、投影的分类

根据投射线之间的相互关系,可将投影法分为中心投影法和平行投影法。

1. 中心投影法

当投射中心 S 在有限的距离内,所有的投射线都汇交于一点,这种方法所得到的投影,称为中心投影,如图 2-2 所示。在此条件下,物体投影的大小,随物体距离投射中心 S 及投影面 P 的远近的变化而变化,因此,用中心投影法得到物体的投影不能反映该物体的真实形状和大小。

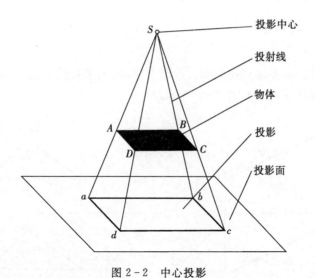

图 2－2　中心投影

2. 平行投影法

把投射中心 S 移到离投影面无限远处,则投射线可看成互相平行的,由此产生的投影称为平行投影。因其投射线是互相平行的,故所得投影的大小与物体离投影中心及投影面的远近均无关。

在平行投影中,根据投射线与投影面之间是否垂直,又分为斜投影和正投影两种。投射线与投影面倾斜时称为斜投影,如图 2－3(a)所示;投射线与投影面垂直时称为正投影,如图 2－3(b)所示。

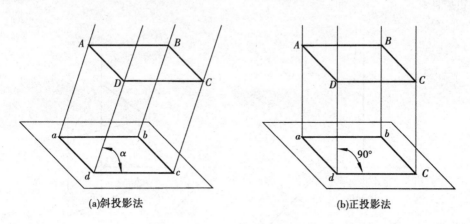

(a)斜投影法　　　　　　　　　　　(b)正投影法

图 2－3　平行投影

三、正投影的基本特性

1. 全等性（可度量性）

当线段或平面图形与投影面平行时,在该投影面上的投影反映实长或实形,这种性质称为全等性或称可度量性,线段的长短和平面图形的形状与大小都可直接从其投影上确定和度量。

在通常情况下,直线或平面不平行(垂直)于投影面,因而点的投影仍是点,直线的投影仍是直线。这一性质称为同素性。

2. 从属性

直线上的点的投影必在该直线的同名投影上（几何元素在同一投影面上的投影称为同名投影），这种性质称为从属性。如图2-4所示。

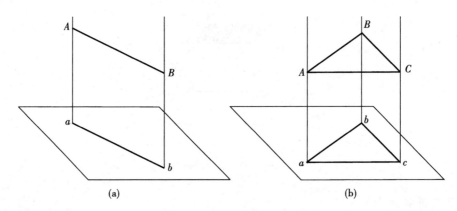

图2-4 平行投影的从属性

3. 积聚性

当直线或平面平行于投射线（同时也垂直于投影面）时，其投影积聚为一点或一直线，这样的投影称为积聚投影。如图2-5(a)所示，直线 AB 平行于投影线，其投影积聚为一点 a(b)；如图2-5(b)所示；平面三角形 ABC 平行于投影线，其投影积聚为一直线 ac。投影的这种性质称为积聚性。

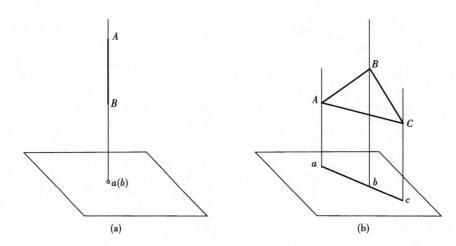

图2-5 平行投影的积聚性

4. 类似性（仿形性）

当直线或平面倾斜于投影面时，直线在该投影面上的投影短于实长，如图2-6(a)所示；而平面在该投影面上的投影要发生变形，比原实形要小，但与原形对应线段间的比值保持不变，所以在轮廓间的平行性、凸凹性、直曲等方面均不变，如图2-6(b)所示；这种情况下，直线和平面的投影不反映实长或实形,其投影形状是空间形状的类似形,因而把投影的这种性质称为类似性。

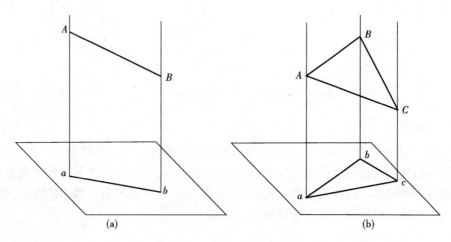

图 2-6　平行投影的类似性

四、工程上常用的投影图

如前所述,工程技术图样是用来表达工程对象的形状、结构和大小的,一般要求根据图样就能够准确、清楚地判断度量出物体的形状和大小,但有时也要求图样的直观性好,易读懂,富有立体感。因此,为满足不同的需要,常用的投影图有:正投影图、轴测投影图、透视投影图、标高投影图等。

1. 多面正投影图

用正投影法把形体向两个或两个以上互相垂直的投影面上进行投影,再按一定的规律将其展开到一个平面上,这样所得到的投影图称为多面正投影图,如图 2-7 所示。它是工程上最主要的使用最广泛的图样。

这种图样的优点是能够真实准确地反映物体的形状和大小,作图方便,度量性好;其缺点是立体感差,不易看懂。

2. 轴测投影图

轴测投影图是物体在一个投影面上的平行投影,简称轴测图。将物体安置于投影面体系中合适的位置,选择适当的投射方向,即可得轴测图,如图 2-8 所示。这种图立体感强,容易看懂,但度量性差,作图较麻烦,并且对复杂形体也难以表达清楚,因而工程中常把它用作辅助图样来使用。

3. 透视投影图

透视投影图是将物体在单个投影面上用中心投影法得到的投影图,简称为透视图。这种图形象逼真,如照片一样,非常接近于人们的视觉感受,但它度量性差,作图繁杂,如图 2-9 所示。在建筑设计中常用它来绘制大型工程项目及房屋、桥梁等建筑物的效果图。

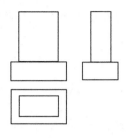

图2-7 多面正投影图

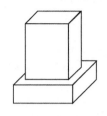

图2-8 斜轴测图

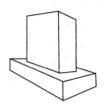

图2-9 透视图

4.标高投影图

标高投影图是一种带有数字标记的单面正投影图。它用正投影法在物体的水平投影上加注某些特征线、面以及控制点的高程数值,来同时反映物体的长度、宽度和高度方向上的结构、尺寸,如图2-10所示。这种图作图较简单,但立体感较差,常用来表达地面的形状、各种不规则曲面、土木建筑工程设计以及军事地图等。

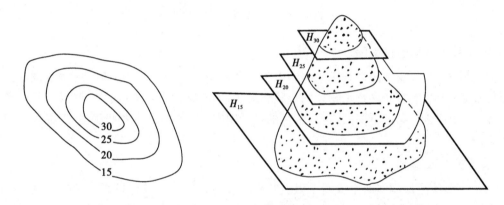

图2-10 标高投影图

由于多面正投影图被广泛地用来绘制工程图样,所以正投影法是本书介绍的主要内容,以后所说的投影,如无特殊说明均指正投影。

五、物体的三视图

工程上绘制图样的方法主要是正投影法,但用正投影法绘制一个投影图来表达物体的形状往往是不够的。如图2-11所示,四个形状不同的物体在投影面 H 上具有相同的正投影,单凭这个投影图来确定物体的唯一形状,是不可能的。

如果对一个较为复杂的形体,即便是向两个投影面做投影,其投影也就只能反映它的两个面的形状和大小,亦不能确定物体的唯一形状。如图2-12所示三个形体,它们的 H(水平投影面)、W(侧立投影面)投影相同,要凭这两面的投影来区分它们的形状,是不可能的。因此,若要使正投影图唯一确定物体的形状结构,仅有一面或两面投影是不够的,必须采用多面投影的方法,为此,我们设立了三投影面体系。

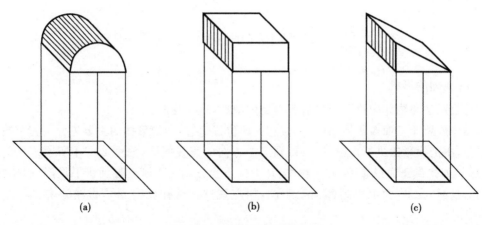

图 2-11 不同形体的单面投影

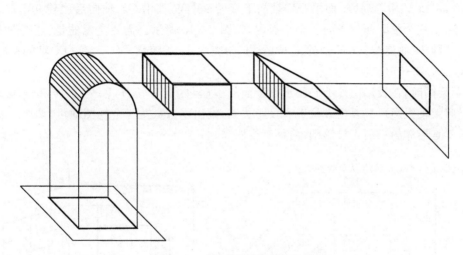

图 2-12 不同形体的两面投影

六、三投影面体系的建立

将三个两两互相垂直的平面作为投影面,组成一个三投影面体系,如图 2-13 所示。其中水平投影面用 H 标记,简称水平面或 H 面;正立投影面用 V 标记,简称正立面或 V 面;侧立投影面用 W 标记,简称侧面或 W 面。两投影面的交线称为投影轴,H 面与 V 面的交线为 OX 轴,H 面与 W 面的交线为 OY 轴,V 面与 W 面的交线为 OZ 轴,三条投影轴两两互相垂直并汇交于原点 O。

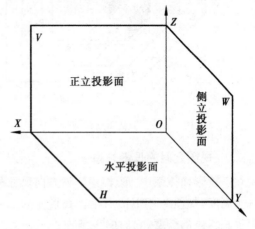

图 2-13 三投影面体系

第二节 三视图的形成及投影规律

一、三视图的形成

用正投影法将物体向投影面投射所得到的图形,称为视图。

将物体放置于三面投影体系中,并注意安放位置适宜,即把形体的主要表面与三个投影面对应平行,用正投影法进行投影,即可得到三个方向的正投影图,如图 2-14 所示。从前向后投影,在 V 面得到正面投影图,叫主视图;从上向下投影,在 H 面上得到水平投影,叫俯视图;从左向右投影,在 W 面上得到侧面投影图,叫左视图。这样就得到了物体的主、俯、左三个视图。

为了把三个投影面上的投影画在一张二维的图纸上,我们假设沿 OY 投影轴将三投影面体系剪开,保持 V 面不动,H 面沿 OX 轴向下旋转 90°,W 面沿 OZ 轴向后旋转 90°,展开三投影面体系,使三个投影面处于同一个平面内,如图 2-15 所示。需要注意的是:这时 Y 轴分为两条,一条随 H 面旋转到 OZ 轴的正下方,用 Y_H 表示;一条随 W 面旋转到 OX 轴的正右方,用 Y_W 表示,如图 2-16(a)所示。

实际绘图时,在投影图外不必画出投影面的边框,也不注写 H、V、W 字样,也不必画出投影轴(又叫无轴投影),只要按方位置和投影关系,画出主、俯、左三个视图即可,如图 2-16(b)所示,这就是形体的三面正投影图,简称三视图。

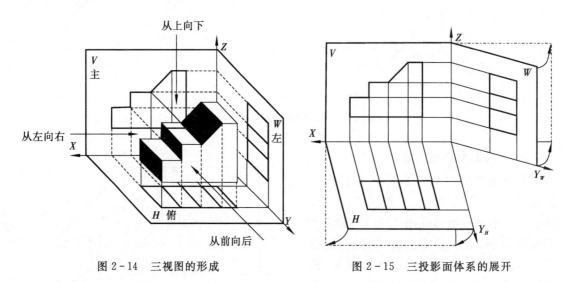

图 2-14　三视图的形成　　　　　　　图 2-15　三投影面体系的展开

二、三视图之间的投影关系

在三投影面体系中,形体的 X 轴方向尺寸称为长度,Y 轴方向尺寸称为宽度,Z 轴方向尺寸称为高度,如图 2-16(b)所示。在形体的三面投影中,水平投影图和正面投影图在 X 轴方向都反映物体的长度,它们的位置左右应对正,即"长对正"。正面投影图和侧面投影图在 Z 轴方向都反映物体的高度,它们的位置上下应对齐,即"高平齐";水平投影图和侧面投影图在 Y 轴方向都反映物体的宽度,这两个宽度一定相等,即"宽相等"。

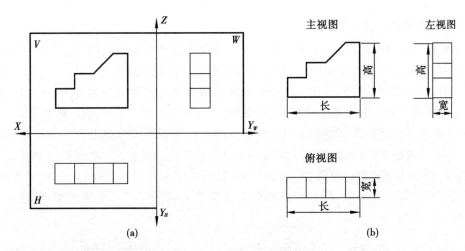

图 2-16　形体的三视图

"主俯视图长对正;主左视图高平齐;俯左视图宽相等。"这称为"三等关系",也称"三等规律",它是形体的三视图之间最基本的投影关系,是画图和读图的基础。应当注意,这种关系无论是对整个物体还是对物体局部的每一点、线、面均符合。

三、三视图之间的位置关系

在看图和画图时必须注意,以主视图为准,俯视图在主视图的正下方,左视图在主视图的正右方。画三视图时,一般应按上述位置配置,且不需标注其名称。

四、物体与三视图之间的方位关系

物体在三面投影体系中的位置确定后,相对于观察者,它在空间中就有上、下、左、右、前、后六个方位,如图 2-17(a)所示。每个投影图都可反映出其中四个方位。V 面投影反映形体的上、下和左、右关系,H 面投影反映形体的前、后和左、右关系,W 面投影反映形体的前、后和上、下关系,如图 2-17(b)所示。而且,俯视图、左视图远离主视图的一侧反映的是物体的前面,靠近主视图的一侧反映的是物体的后面。

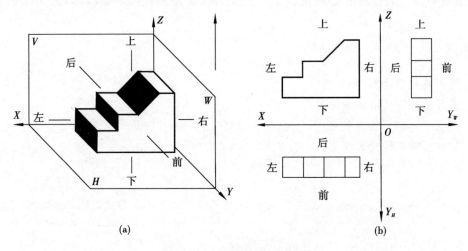

图 2-17　三视图的方位关系

五、画三视图的方法与步骤

绘制形体的三视图时,应将形体上的棱线和轮廓线都画出来,并且按投影方向,可见的线用实线表示,不可见的线用虚线表示,当虚线和实线重合时只画出实线。

绘图前,应先将反映物体形状特征最明显的方向作为主视图的投射方向,并将物体放正,然后用正投影法分别向各投影面进行投影,如图 2 - 18(a)所示。先画出正面投影图,然后根据"三等关系",画出其他两面投影。"长对正"可用靠在丁字尺工作边上的三角板,将 V、H 面两投影对正。"高平齐"可以直接用丁字尺将 V、W 面两投影拉平。"宽相等"可利用过原点 O 的 45°斜线,利用丁字尺和三角板,将 H、W 面投影的宽度相互转移,如图 2 - 18(b)所示,或以原点 O 为圆心作圆弧的方法,得到引线在侧立投影面上与"等高"水平线的交点,连接关联点而得到侧面投影图。

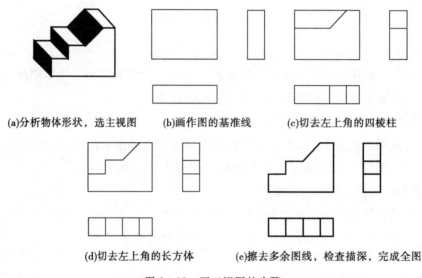

(a)分析物体形状,选主视图　　(b)画作图的基准线　　(c)切去左上角的四棱柱

(d)切去左上角的长方体　　(e)擦去多余图线,检查描深,完成全图

图 2 - 18　画三视图的步骤

三面投影图之间存在着必然的联系。只要给出物体的任何两面投影,就可求出第三面投影。

思考题

1. 什么是投影法?

2. 投影法的分类有哪几种?

3. 三视图如何形成与展开?

4. 试述三视图的投影规律。

第三章

点、直线、平面的投影

第一节　点的投影

一、点的三面投影

三个互相垂直的投影面 V、H、W，组成一个三投影面体系，将空间划分为八个分角。

V 面称为正立投影面，简称正面；H 面称为水平投影面，简称水平面；W 面称为侧立投影面，简称侧面。规定三个投影轴 OX、OY、OZ 向左、向前、向上为正，在三条投影轴都是正相的投影面之间的空间第一分角，如图 3-1 所示。

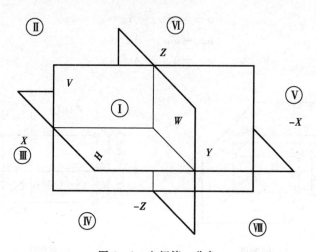

图 3-1　空间第一分角

第一分角内的空间点 A 分别向三个投影面 H、V、W 作水平投影（H 面投影）、正面投影（V 面投影）、侧面投影（W 面投影），用相应的小写字母 a、小写字母加一撇 a'、小写字母加两撇 a'' 作为投影符号，如图 3-2(a) 所示。移去空间点 A，将投影体系展开，形成三面投影图，如图 3-2(b)(c) 所示。空间点的位置可由其直角坐标值来确定，一般采用下列的书写形式：$A(x, y, z)$；$A(25, 20, 30)$；$A(x_A, y_A, z_A)$；$B(x_B, y_B, z_B)$。其中 x, y, z（或相应数字）均为该点至相应坐标面的距离数值。

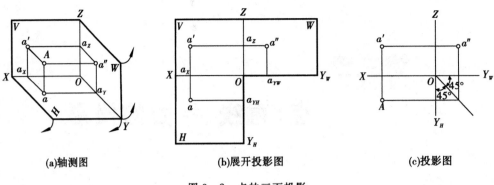

(a)轴测图 (b)展开投影图 (c)投影图

图 3-2 点的三面投影

点的投影(例如 A 点)具有下述投影特性:

(1)点的投影连线垂直于投影轴,即:

$$aa' \perp OX$$
$$aa'' \perp OZ$$
$$aa_y \perp OY_H, a''a_y \perp OY_W$$

(2)点的投影与投影轴的距离,反映该点的坐标,也就是该点与相应的投影面的距离,如图 3-3 所示,即

$$a'a_x = a''a_y = Aa = z$$
$$aa_x = a''a_z = Aa' = y$$
$$aa_y = a'a_z = Aa'' = x$$

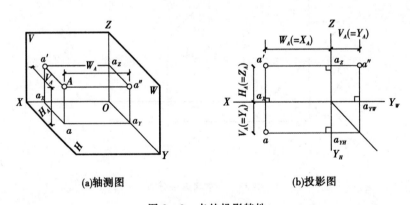

(a)轴测图 (b)投影图

图 3-3 点的投影特性

【例 2-1】如图 3-4(a)所示,已知空间点 B 的坐标为 $X=12, Y=10, Z=15$,也可以写成 $B(12、10、15)$。单位为 mm(下同)。求作 B 点的三投影。

【分析】已知空间点的三点坐标,便可作出该点的两个投影,从而作出另一投影。

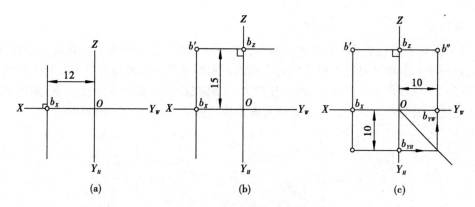

图 3 - 4 由点的坐标作三面投影

【作图】

①画投影轴,在 OX 轴上由 O 点向左量取 12,定出 b_X,过 b_X 作 OX 轴的垂线,如图 3 - 4(a)所示。

②在 OZ 轴上由 O 点向上量取 15,定出 b_Z,过 b_Z 作 OZ 轴垂线,两条线交点即为 b',如图 3 - 4(b)所示。

③在 $b'b_X$ 的延长线上,从 b_X 向下量取 10 得 b;在 $b'b_Z$ 的延长线上,从 b_Z 向右量取 10 得 b''。或者由 b' 和 b 用图 3 - 4(c)所示的方法作出 b''。

点与投影面的相对位置有四类:空间点;投影面上的点;投影轴上的点;与原点 O 重合的点。

二、两点的相对位置

(1)两点的相对位置是指空间两个点的上下、左右、前后关系,在投影图中,是以它们的坐标差来确定的。

(2)两点的 V 面投影反映上下、左右关系;两点的 H 面投影反映左右、前后关系;两点的 W 面投影反映上下、前后关系。

【例 2 - 2】如图 3 - 5(a)所示,已知空间点 $C(15,8,12)$,D 点在 C 点的右方 7,前方 5,下方 6。求作 D 点的三投影。

【分析】

D 点在 C 点的右方和下方,说明 D 点的 X、Z 坐标小于 C 点的 X、Z 坐标;D 点在 C 点的前方,说明 D 点的 Y 坐标大于 C 点的 Y 坐标。可根据两点的坐标差作出 D 点的三投影。

【作图】如图 3 - 5 所示。

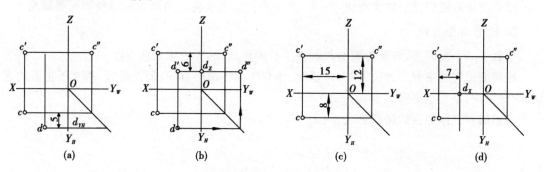

图 3 - 5 两点的相对位置

三、重影点

若两个点处于垂直于某一投影面的同一投影线上,则两个点在这个投影面上的投影便互相重合,这两个点就称为对这个投影面的重影点。重影点对三投影面的距离有两个相同、一个不同。如图 3-6 所示为一四棱柱,根据投影方向确定远离 H 面的点为可见点,如图中的 f,距离 H 面近的点为不可见点。规定不可见点加括号表示,如图 3-6 中的 (f)。

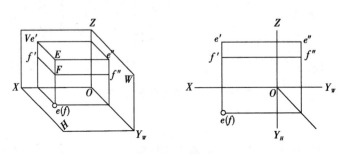

图 3-6 重影点

第二节 线的投影

一、各种位置直线的投影

由初等几何可知,空间任意两点确定一条直线,因此在投影图中,只要作出直线上任意两点的投影,并将同面投影相连,即可得到直线的投影。为便于绘图,在投影图中通常用有限长的线段来表示直线。

直线按其与投影面的相对位置分为三类,即投影面垂直线、投影面平行线和投影面倾斜线。其中,投影面垂直线和投影面平行线统称为特殊位置直线,最后一类称为一般位置直线。α、β、γ 分别表示直线对 H 面、V 面和 W 面的倾角。不同位置的直线具有不同的投影特性。

1. 投影面平行线

只平行于一个投影面,而对另外两个投影面倾斜的直线称为投影面平行线。

投影面平行线又有三种位置:①水平线:平行于水平面(H);②正平线:平行于正平面(V);③侧平线:平行于侧面(W)。

投影面平行线的投影特性见表 3-1。直线对投影面所夹的角即直线对投影面的倾角。

2. 投影面垂直线

垂直于一个投影面,与另外两个投影面平行的直线,称为投影面垂直线。

投影面垂直线也有三种位置:①铅垂线:垂直于水平面的直线;②正垂线:垂直于正面的直线;③侧垂线:垂直于侧面的直线。

投影面垂直线的投影特性见表 3-2。

表 3-1 投影面平行线的投影特性

名称	轴 测 图	投 影 图	投影特性
正平线	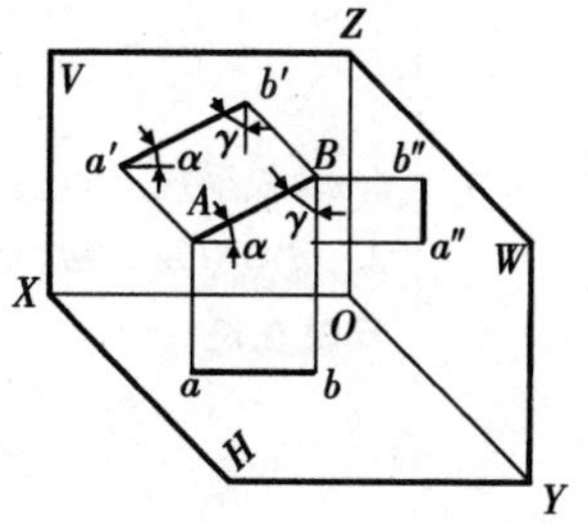	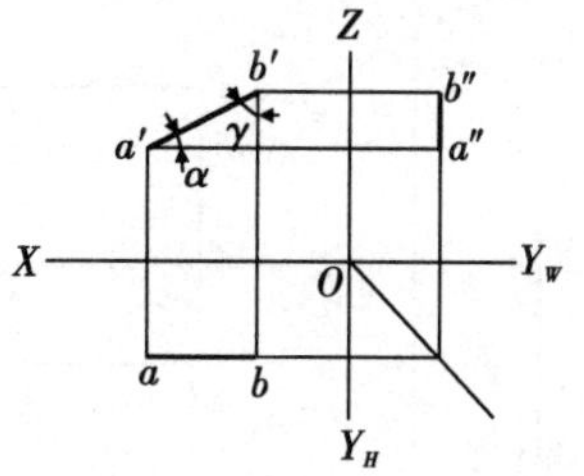	1. $a'b'$ 反映真长和 α、γ 角； 2. $ab \parallel OX$，$a''b'' \parallel OZ$，且长度缩短
水平线	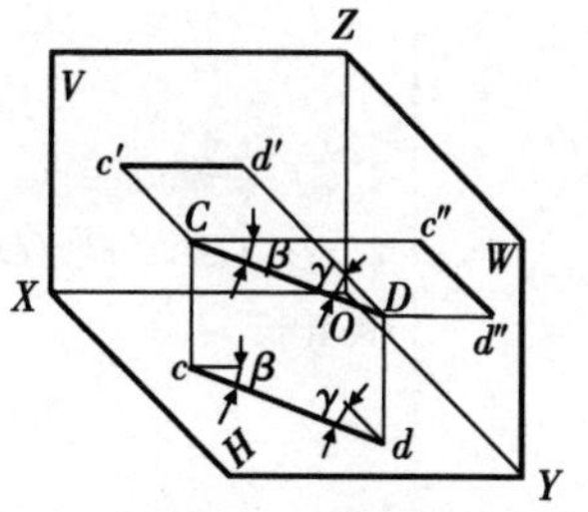	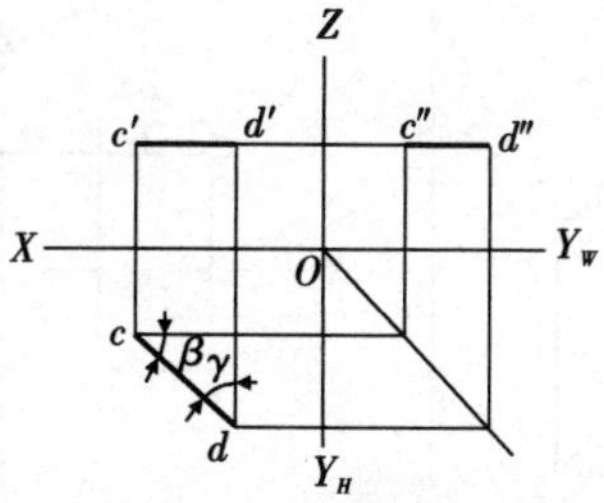	1. cd 反映真长和 β、γ 角； 2. $c'd' \parallel OX$，$c''d'' \parallel OY_W$，且长度缩短
侧平线	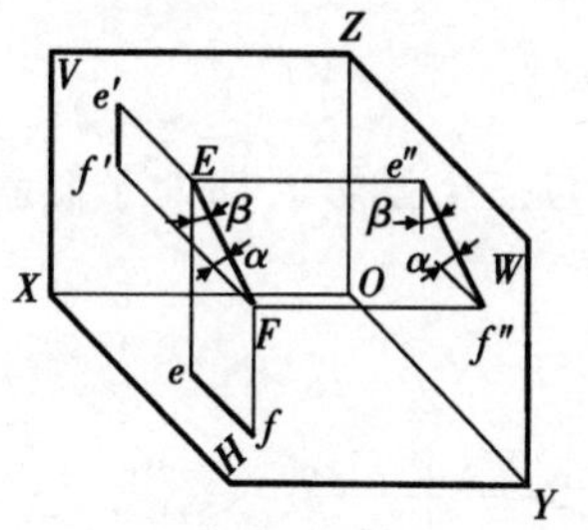	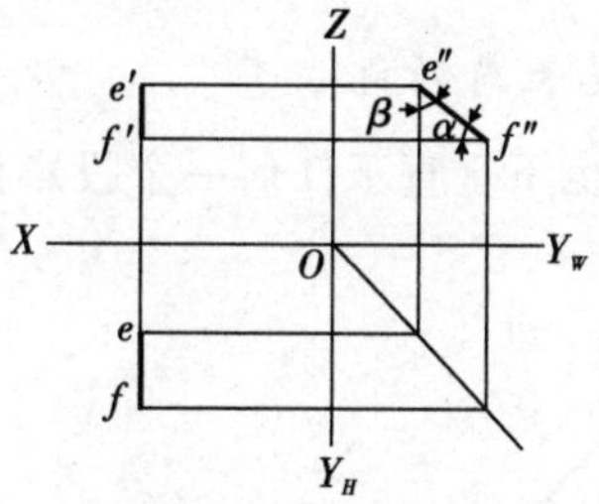	1. $e'f'$ 反映真长和 α、β 角； 2. $ef \parallel OY_H$，$e'f' \parallel OZ$，且长度缩短

表 3-2 投影面垂直线的投影特性

名称	轴 测 图	投 影 图	投影特性
正垂线	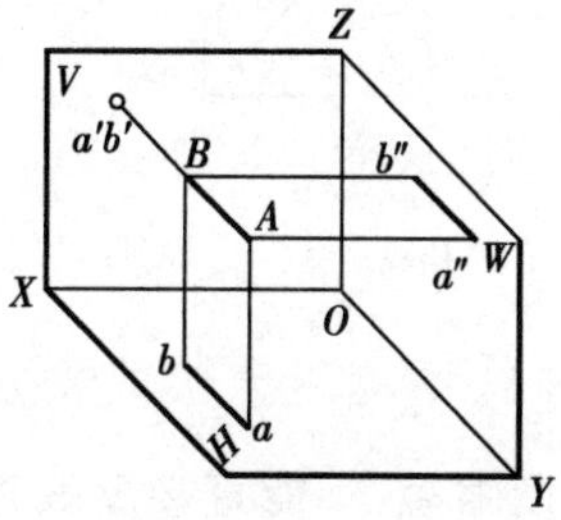	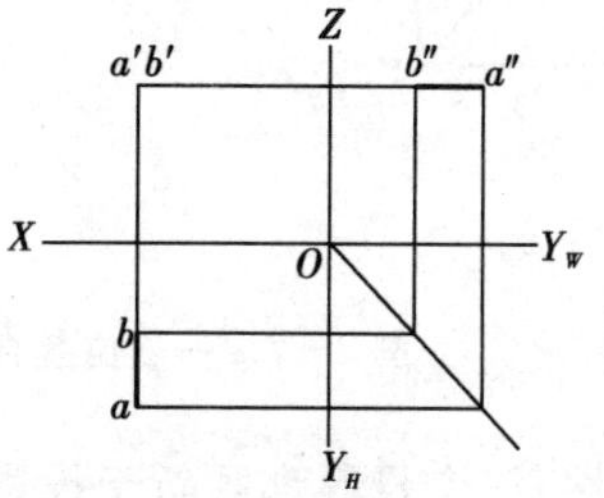	1. $a'b'$ 积聚成一点； 2. $ab \parallel OY_H$，$a''b'' \parallel OY_W$，且反映真长

名称	轴 测 图	投 影 图	投影特性
铅垂线			1. cd 积聚成一点； 2. $c'd' \parallel OZ, c''d'' \parallel OZ$，且反映真长
侧垂线			1. $e''f''$ 积聚成一点； 2. $ef \parallel OX, e'f' \parallel OX$，且反映真长

3. 一般位置直线及其真长与倾角

一般位置直线既不平行也不垂直于任何一个投影面，即与三个投影面都处于倾斜位置的直线，如图 3-7 所示。

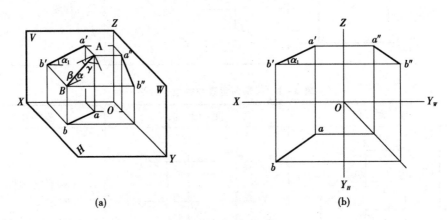

(a)   (b)

图 3-7 一般位置直线

一般位置直线的投影特性：三个投影都倾斜于投影轴，长度缩短，不能直接反映直线与投影面的真实倾角。

求作一般位置直线的真长和倾角，可用如图 3-8 所示的直角三角形法。

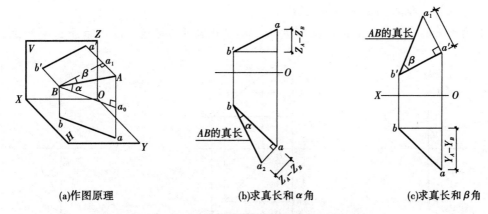

(a)作图原理　　　　　(b)求真长和α角　　　　　(c)求真长和β角

图3-8　用直角三角形法求直线的真长和倾角

二、直线上的点的投影特性

(1)直线上的点的投影,必在直线的同面投影上;

(2)若直线不垂直于投影面,则点的投影分割直线线段投影的长度比,都等于点分割直线线段的长度比。

【例3-3】如图3-9(a)所示,已知直线AB求作AB上的C点,使$AC:CB=2:3$。

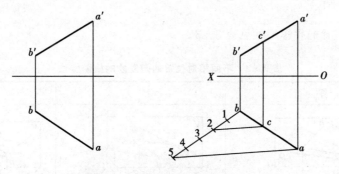

图3-9　作分割AB成2:3的C点

【作图】根据直线上的点的投影特性,作图过程如图3-9(b)所示:

(1)自b任引一直线,以任意直线长度为单位长度,从b顺次量5个单位,得点1、2、3、4、5。

(2)连5与a,作$2c//5a$,与ab交于c。

(3)由c引投影连线,与$a'b'$交于c'。c'与c即为所求的C点的两面投影。

【例3-4】如图3-10(a)所示,试判断K点是否在侧平线MN上?

【作图】可按直线上点的投影特性,用方法一或方法二进行判断。

方法一的判断过程如图3-10(b)所示:

(1)加W面,即过O作投影轴OY_H、OY_W、OZ。

(2)由$m'n'$、mn和k'、k作出$m''n''$和k''。

(3)由于k''不在$m''n''$上,所以K点不在MN上。

方法二的判断过程如图3-10(c)所示:

(1)过m任作一直线,在其上取$mk_0=m'k'$,$k_0n_0=k'n'$。

（2）分别将 k 和 k_0、n 和 n_0 连成直线。

（3）由于 $kk_0 /\!/ nn_0$，于是 $m'k':k'n' \ne mk:kn$，从而就可立即判断出 K 点不在 MN 上。

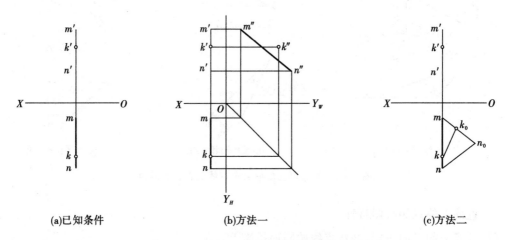

| (a)已知条件 | (b)方法一 | (c)方法二 |

图 3-10　判断 K 点是否在侧平线 MN 上

三、两直线的相对位置

两直线的相对位置有三种情况：平行、相交和交叉。其中平行和相交是共面直线，交叉是异面直线。

两直线相对位置的投影特性见表 3-3。

表 3-3　不同相对位置的两直线的投影特性

相对位置	平　行	相　交	交　叉
轴测图			
投影图			
投影特性	同面投影相互平行	同面投影都相交，交点符合一点的投影特性，同面投影的交点，就是两直线的交点的投影	两直线的投影，既不符合平行两直线的投影特性，又不符合相交两直线的投影特性。同面投影的交点，就是两直线上各一点形成的对这个投影面的重影点的重合的投影

当两直线处于交叉位置时,有时需要判断可见性,即判断它们的重影点的重合投影的可见性。

确定和表达两交叉线的重影点投影可见性的方法是:从两交叉线同面投影的交点,向相邻投影引垂直于投影轴的投影连线,分别与这两交叉线的相邻投影各交得一个点,标注出交点的投影符号。按左遮右、前遮后、上遮下的规定,确定在重影点的投影重合处,是哪一条直线上的点的投影可见。

【例 3 - 5】已知直线 AB、CD 的两面投影,如图 3 - 11(a)所示,判断两直线是否相交。

【分析】因为 AB 为侧平线,CD 为一般位置直线,所有仅以 V、H 面的投影不能判断它们的相对位置。

【作图】

方法一:如图 3 - 11(b)所示,作出两直线的 W 面投影,由于 $a'b'$ 和 $c'd'$ 的交点与 $a''b''$ 和 $c''d''$ 的交点连线后不垂直于 OZ 轴,所以可判定 AB 与 CD 不相交。

方法二:如图 3 - 11(c)所示,利用直线段上的点的定比性进行判断。首先假定 AB 与 CD 相交于一点,然后作图,从作图可知,AB 与 CD 不相交,推翻原假定。

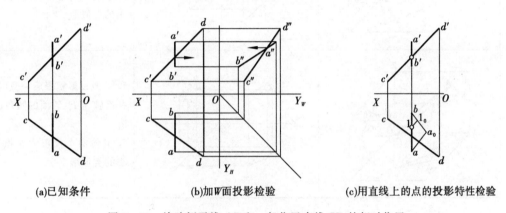

| (a)已知条件 | (b)加 W 面投影检验 | (c)用直线上的点的投影特性检验 |

图 3 - 11　检验侧平线 AB 和一般位置直线 CD 的相对位置

第三节　面的投影

一、各种位置的平面及其投影特性

平面对投影面的相对位置有三种:投影面平行面、投影面垂直面和一般位置平面,且把投影面平行面和投影面垂直面统称为特殊位置平面。平面与投影面 H、V、W 的倾角,分别用 α、β、γ 表示。

1. 投影面垂直面

垂直于一个投影面,而倾斜于另外两个投影面的平面称为投影面垂直面。投影面垂直面分三种:①正垂面:垂直于正面的平面;②铅垂面:垂直于水平面的平面;③侧垂面:垂直于侧面的平面。投影面垂直面的投影特性见表 3 - 4。

表 3－4　投影面垂直面的投影特性

名称	轴 测 图	投 影 图	投影特性
正垂面			1. V 面投影积聚成一直线，并反映与 H、W 面的倾角 α、γ； 2. 其他两个投影为面积缩小的类似形
铅垂面			1. H 面投影积聚成一直线，并反映与 V、W 面的倾角 β、γ； 2. 其他两个投影为面积缩小的类似形
侧垂面			1. W 面投影积聚成一直线，并反映与 H、V 面的倾角 α、β； 2. 其他两个投影为面积缩小的类似形

2. 投影面平行面

平行于一个投影面,而垂直于另外两个投影面的平面称为投影面平行面。投影面水平面分三种:①水平面:平行于水平面的平面;②正平面:平行于正面的平面;③侧平面:平行于侧面的平面。

投影面平行面的投影特性见表 3－5。

表 3－5　投影面平行面的投影特性

名称	轴 测 图	投 影 图	投影特性
正平面			1. V 面投影反映真形; 2. H 面投影、W 面投影积聚成直线,分别平行于投影轴 OX、OZ

名称	轴 测 图	投 影 图	投影特性
水平面	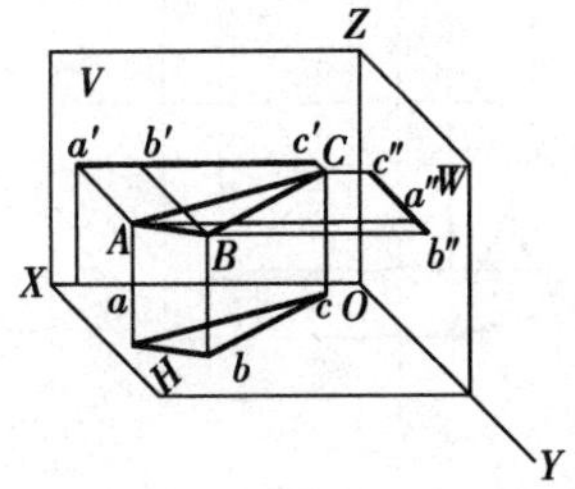	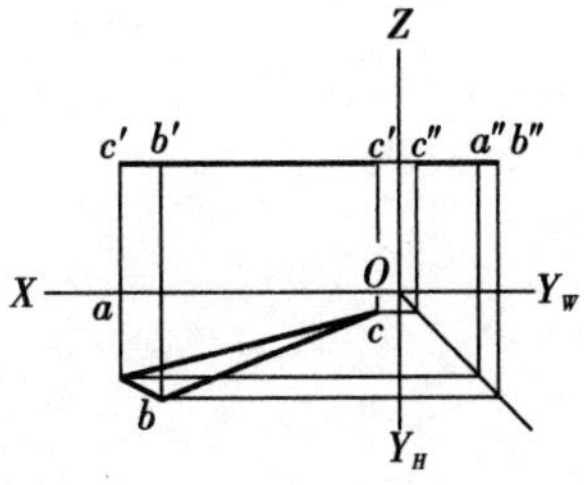	1. H 面投影反映真形; 2. V 面投影、W 面投影积聚成直线,分别平行于投影轴 OX、OY_W
侧平面	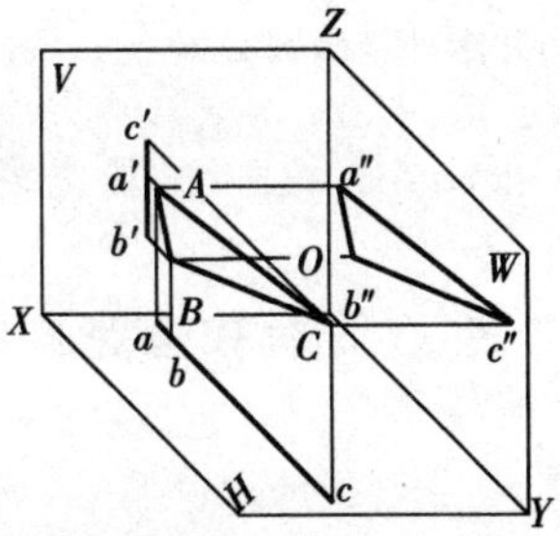	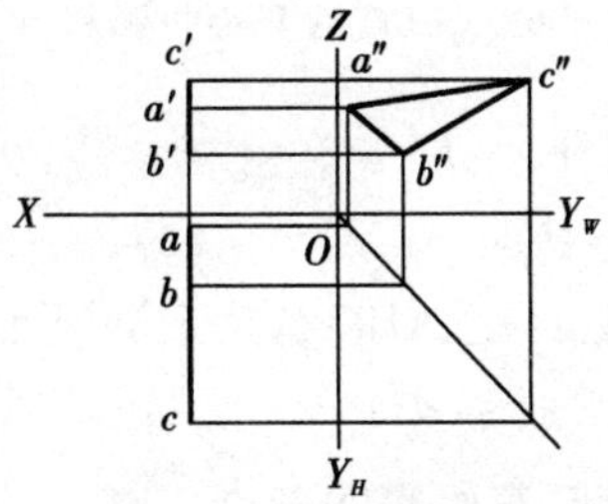	1. W 面投影反映真形; 2. V 面投影、H 面投影积聚成直线,分别平行于投影轴 OZ、OY_H

3. 一般位置平面

在三面投影体系中,立体的平面对三个投影面都倾斜的平面称为一般位置平面。

一般位置平面的三个投影既不反映实形,又无积聚性,均为缩小的类似图形。

二、平面上的点、直线和图形

(一)特殊位置平面上的点、直线和图形

特殊位置平面上的点、直线和图形,在该平面的有积聚性的投影所在的投影面上的投影,必定积聚在该平面的有积聚性的投影上。

利用这个投影特性,可以求做特殊位置平面上的点、直线和图形的投影。

【例 3 - 6】如图 3 - 12(a)所示,△ABC 为水平面,已知它的 H 面投影△abc 和顶点 A 的 V 面投影 a',求作△ABC 的 V 面投影和 W 面投影,并求作△ABC 的外接圆圆心 D 的三面投影。

【作图】因为水平面的 V 面投影和 W 面投影有积聚性,并且分别平行于 OX 轴和 OY_W 轴,所以按已知条件就可作出这个三角形分别积聚成直线的 V 面投影和 W 面投影。

又因水平面的 H 面投影反映真形,所以就能直接用平面几何的作图方法在 H 面投影中作出△ABC 的外接圆圆心 D 的 H 面投影 d;然后,由 d 引投影连线,分别在已作出的△ABC 的有积聚性的 V 面投影和 W 面投影上,作出 D 点的 V 面投影 d' 和 W 面投影 d''。

具体的作图过程如图 3 - 12(b)所示:

(1)分别由 a、a' 引投影连线,交得 a''。

(2)分别过 a'、a'' 引 OX、OY_W 轴的平行线,再分别由 b、c 引投影连线,与上述平行线交得顶点 B、C 的 V 面投影 b、c 和 W 面投影 b''、c'',从而就作出了△ABC 的有积聚性的 V 面投影 $a'b'c'$ 和 W 面投影 $a''b''c''$。

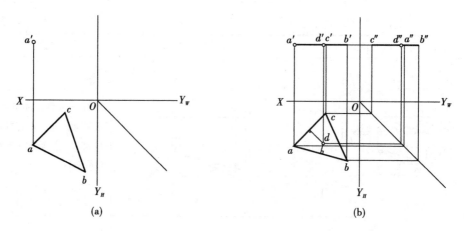

图 3-12 作水平的△ABC的V面投影和W面投影,并求外接圆圆心D

(3)在 H 面投影中,分别作△abc 的任意两条边(例如 ab 和 ca)的中垂线,就交得△ABC 的外接圆圆心 D 的 H 面投影 d。

(4)由 d 分别作投影连线,与△ABC 的有积聚性的 V 面投影 a′b′c′和 W 面投影 a″b″c″交得 D 点的 V 面投影 d′和 W 面投影 d″。

(二)一般位置平面上的点、直线和图形

1. 点和直线在平面上的几何条件

(1)平面上的点,必在该平面的直线上。平面上的直线必通过平面上的两点。

(2)通过平面上的一点,且平行于平面上的另一直线。

【例 3-7】 如图 3-13(a)所示,已知□ABCD 和 K 点的两面投影,□ABCD 上的直线 MN 的 H 面投影 mn,试检验 K 点是否在□ABCD 平面上,并作出直线 MN 的 V 面投影 m′n′。

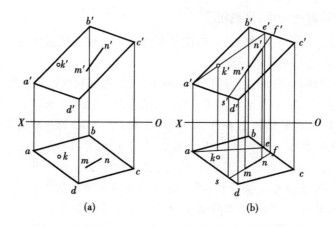

图 3-13 检验 K 点是否在□ABCD 上,并作□ABCD 上的直线 MN 的 V 面投影

【作图】 如图 3-13(b)所示,可按点和直线在平面上的几何条件作图。

检验 K 点的作图过程如下:

(1)连接 a′和 k′,延长后,与 b′c′交于 e′。由 e′引投影连线,与 BC 交于 e。连接 a 和 e。

(2)若 k 在 ae 上,则 K 点在□ABCD 的直线 AE 上,K 点便在□ABCD 上。但图中的 k

不在 ae 上,表明 K 点不在 $\square ABCD$ 上。

求 $m'n'$ 的作图过程如下:

(1)延长 mn,与 ad 交于 s,与 bc 交于 f。

(2)由 s、f 作投影连线,分别在 $a'd'$、$b'c'$ 上交得 s'、f',连接 s' 与 f'。

(3)由 m、n 作投影连线,分别与 $s't'$ 交得 m'、n',$m'n'$ 即为所求。

2. 平面上的投影面平行线

平面上的投影面平行线不仅应满足直线在平面上的几何条件,它的投影又符合投影面平行线的投影特性。

【例 3 - 8】 如图 3 - 14(a)所示,已知 $\triangle ABC$,在 $\triangle ABC$ 上求作一条距 V 面 13mm 的正平线。

【作图】 作图过程如图 3 - 14(b)所示:

(1)在 OX 轴之下(即 OX 轴之前)13mm 处,作 OX 轴的平行线,即为这条正平线的 H 面投影,与 ab、bc 分别交得 d、e,de 即为所求作的正平线 DE 的 H 面投影。

(2)由 d、e 作投影连线,分别与 $a'b'$、$b'c'$ 交得 d'、e',连 d' 和 e',$d'e'$ 即为所求的正平线 DE 的 V 面投影。

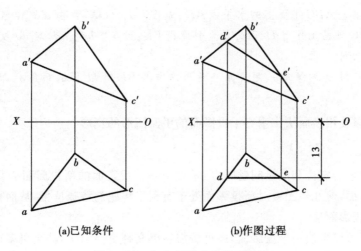

(a)已知条件　　　　　　　(b)作图过程

图 3 - 14　在 $\triangle ABC$ 上求作正平线

3. 平面上的最大斜度线

平面上垂直于该平面的某一投影面平行线的直线,是平面上对这个投影面的最大斜度线,它与这个投影面的倾角,也就是平面与这个投影面的倾角,如图 3 - 15 所示。

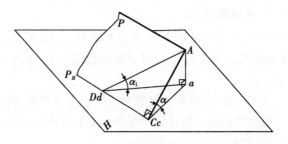

图 3 - 15　平面上对 H 面的最大斜度线及其几何意义

【例 3 - 9】 如图 3 - 16(a)所示,已知 $\triangle ABC$,求作 $\triangle ABC$ 与 H 面的倾角 α。

【作图】只要在△ABC平面上作一条对H面的最大斜度线,再求出它与H面的倾角α,也就是△ABC与H面的倾角。为了在△ABC平面上作对H面的最大斜度线,先要在△ABC平面上作一条水平线。

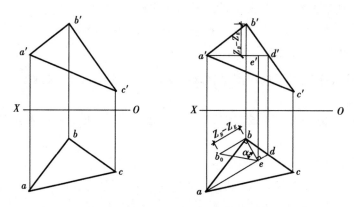

图3-16　作△ABC与H面的倾角α

作图过程如图3-16(b)所示:

(1)过A点作△ABC平面上的水平线AD:先作a'd'∥OX,再由a'd'作出ad。

(2)在△ABC平面上作对H面的最大斜度线BE:过b作be⊥ad,与ad交得e,再由be作出b'e'。

(3)作BE与H面的倾角α:用直角三角形法作出BE对H面的倾角α,即为△ABC与H面的倾角。

三、换面法以及用换面法作垂直于投影面的平面图形的真形

(一)换面法

求解几何元素的定位和度量问题时,用垂直于一个投影面的新投影面去替换两投影面体系中的另一投影面,使几何元素对新投影面处于有利于解题的特殊位置,从而作出求解结果的方法,称为变换投影面法。

换面法不仅可以更换一个投影面,还可按需连续交替更换两次,甚至更多次。

(二)换面法的基本作图

1. 求直线实长

如图3-17(a)所示,一般位置直线在H、V面上的投影不反映实长,如果用一个平行于AB直线的新投影面V_1代替原来的投影面V,则AB在V_1面上就能反映实长及其对H面的倾角α。

必须注意:新投影面必须垂直于被保留的投影面H,V_1面与H面的交线X_1为新投影轴。

用换面法求一般位置直线实长和投影面的倾角的步骤如图3-17(b)所示。作图求解步骤如下:

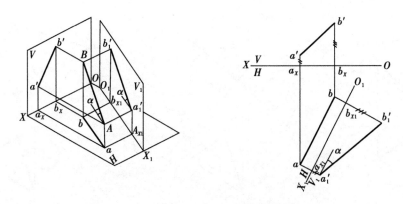

图 3-17 将一般位置直线变换成投影面平行线

①在适当位置作新投影轴 $X_1 /\!/ ab$。

②分别过 a、b 作新投影轴 X_1 的垂线 aa_{X1}、bb_{X1}，并在其延长线上分别量取 $a_{X1}a_1' = a'a_X$，$b_{X1}b_1' = b'b_X$。

③连接的 $a_1'b_1'$ 即为 AB 直线的实长，$a_1'b_1'$ 与 X_1 轴的平行线所夹的角度即 AB 直线对 H 面的倾角 α。

请学生自行思考求 AB 直线的实长对 V 面的倾角 β 的作图方法。

2. 求投影面垂直面的实形

用换面法求投影面垂直面的实例，如图 3-18 所示，作新投影面 V_1 平行于 $\triangle ABC$，则 $\triangle ABC$ 在 V 面上的投影反映实形。由于已知平面垂直于 H 面，因此所作新投影轴 X_1 必与已知平面的积聚性投影平行。

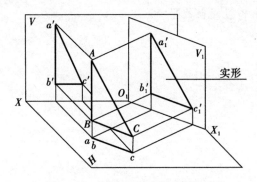

图 3-18 用换面法求平面的实形

如图 3-19(a)所示，已知正垂面 $\triangle ABC$ 的两面投影，求作其实形。由于 $\triangle ABC$ 是正垂面，所以平行于正垂面的新投影面 H_1 垂直于 V 面，用其代替 H 面。作图步骤如下：

①在适当位置作新投影轴 $X_1 /\!/ a'b'c'$，由 a'、b'、c' 分别作 X_1 轴的垂线，如图 3-19(b)所示。

②分别量取 a_1、b_1、c_1 到 X_1 轴的距离等于 a、b、c 到 X 轴的距离，连接 a_1、b_1、c_1，则 $\triangle a_1b_1c_1$ 即为 $\triangle ABC$ 的实形，如图 3-19(c)所示。

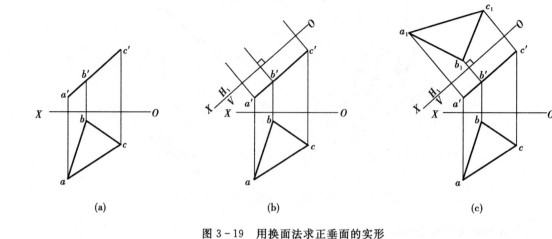

(a)   (b)   (c)

图 3 - 19　用换面法求正垂面的实形

思考题

1. 点的三面投影规律是什么？
2. 点的三面投影是如何标注的？
3. 根据点的两面投影如何求第三面投影？
4. 什么叫重影点？其可见性如何判断？
5. 直线上点的投影特性是什么？
6. 平行两直线的投影特性是什么？
7. 怎样在已知平面上取直线和点？
8. 怎么在已知平面上作投影面的平行线？

第四章

立体的投影

第一节 平面立体的投影

基本几何体是表面规则而单一的几何体。按其表面性质,可以分为平面立体和曲面立体两类。

由多个平面围成的立体,称为平面立体,简称平面体,也称多面体。最简单的平面体有棱柱、棱锥、棱台等,如图 4-1 所示。

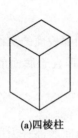 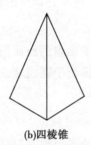 

(a)四棱柱   (b)四棱锥   (c)四棱台

图 4-1 平面体

一、平面体三视图的画法与识读

1. 正棱柱

如图 4-2 所示,棱柱是由两个互相平行的多边形底面和若干个棱面围成的,相邻两棱面的交线称为棱线,所有的棱线都互相平行。棱线垂直于底面的叫直棱柱,底面是正多边形的直棱柱叫正棱柱。

正棱柱的上、下两底面均为水平面,它们的水平投影重合并反映实形,正面及侧面投影积聚为两条相互平行的直线。例如,在正六棱柱中,六个棱面中的前、后两个为正平面,它们的正面投影反映实形,水平投影及侧面投影积聚为一直线。其他四个棱面均为铅垂面,其水平投影均积聚为直线,正面投影和侧面投影均为类似形。

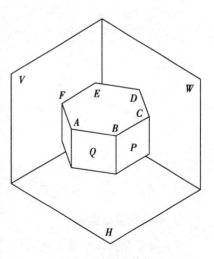

图 4-2 正六棱柱

在四棱柱中,立体的三个面投影之间任然保持对应的关系,如图 4-3 所示,它们存在着三等规律,即"长对正""高平齐""宽相等"。

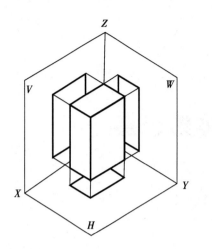

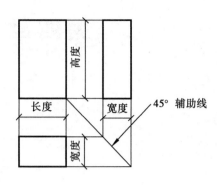

图 4-3　四棱柱及三视图

平面立体是平面围成,平面是由直线段组成,而每条线段都可由其两端点确定,因此作平面立体的三视图,即是绘制其各表面的交线及各顶点的投影。

2. 正棱锥

棱锥是由多边形底面和若干个汇交于顶点的棱面围成的,相邻棱面的交线叫棱线,所有的棱线都通过锥顶。底面是正多边形且锥顶位于通过底面中心而垂直于底面的直线上,这样的棱锥叫正棱锥。如三棱锥如图 4-4 所示。

3. 正棱台

如图 4-5 所示,棱锥被平行于底面的平面截割,截面与底面间的部分为棱台。所以,棱台的两个底面彼此平行且相似,且所有的棱线延长后交于一点。

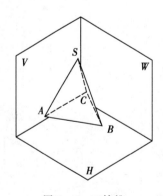

图 4-4　三棱锥

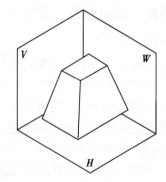

图 4-5　四棱台

二、平面体表面取点

当点属于几何体的某个表面时,则该点的投影必在它所从属表面的各同面投影范围内。若该表面的投影可见,则该点同面投影也可见;反之为不可见。

【例 4-1】已知三棱柱表面上的点 A 和 B 的正面投影 a' 和 b',如图 4-6(a)所示,作出 A 和 B 的水平投影和侧面投影。

(1)利用积聚性求投影。由 a' 向下、向右做投影连接线,与三棱柱后侧棱面的积聚投影相交得 a 和 a''。由 b' 向下作投影连接线,与三棱柱后侧棱面的积聚投影相交得 b 和 b''。

(2)判断可见性。点 B 所在的棱面其侧面投影为不可见,标记为 (b'')。

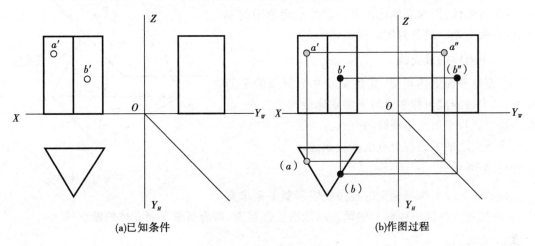

(a)已知条件　　　　　　　　　　　　(b)作图过程

图 4-6　三棱柱表面取点

【例 4-2】如图 4-7(a)所示,已知三棱锥表面上点 M 的正面投影 m',求 M 的其余两投影。

做辅助线,过三棱锥顶 s',连接 $s'(m')$ 交 $a'c'$ 于 $1'$,由 $1'$ 作竖直线,在 ac 上定出相应的点 1,利用辅助线确定点 $1''$,根据点在平面内的条件,作出 m 和 m''。

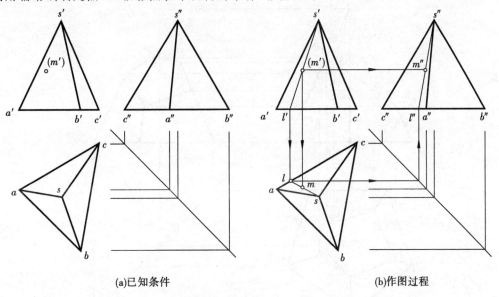

(a)已知条件　　　　　　　　　　　　(b)作图过程

图 4-7　三棱锥表面取点

第二节　平面体的截切

平面与立体相交,可视为平面切割立体,切平面称为截平面,在立体表面产生的交线称为截交线,截交线所围成的图形叫截断面,截交线具有下列基本性质,如图 4-8 所示:

（1）共有性：截交线既在平面上，又在立体表面上，所有截交线上的每一点都是截平面与立体表面的共有点，这些点相连即为截交线。

（2）封闭性：因为立体是占有一定的空间范围的实体，所有截交面一定是封闭的平面图形。

一、平面体的截交线

平面与平面立体相交，其截交线必为封闭的平面折线，其中折线段为截平面与平面立体棱面的交线，折点为截平面与平面立体棱线的交点。

求截交线的方法有交点法和交线法。

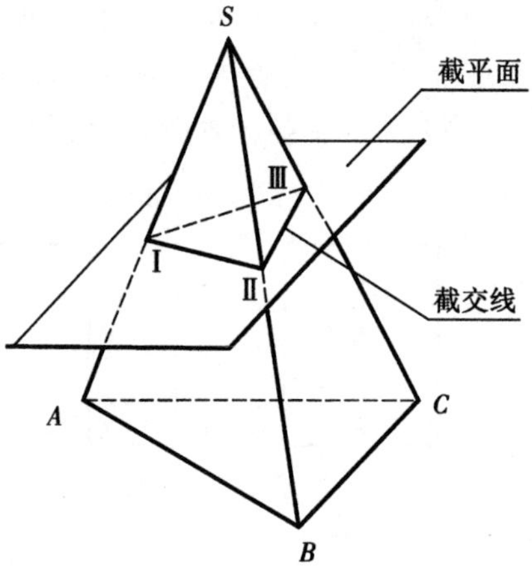

1. 交点法

将平面立体上参与相交的各条棱线与截平面求交点，并将位于立体同一棱面上的两交点依次连接起来，即为所求平面立体的截交线。

2. 交线法

将平面立体上参与相交的各棱面与截平面求交线，这些交线即围成所求的平面立体截交线。

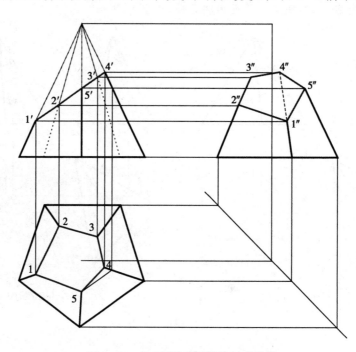

图 4-8　平面与立体相交

【例4-3】完成五棱锥被截切后的水平投影和侧面投影，如图4-9所示。

图 4-9　求五棱锥截断体的三面投影

【分析】截交线为平面五边形，截平面为正垂面，截交线的正面投影落在截平面的积聚性投影上，要求的是截交线的水平投影和侧面投影。作图过程如图4-9所示。

作出五棱锥的侧面投影，并在正面投影中标出五条棱线与截平面的交点 $1'2'3'4'5'$。过

$1'2'3'4'$作投影连线在水平投影和侧面投影上确定 1234 和 $1''2''3''4''$。过 5 点作侧面投影上的 $5''$和水平投影的 $5'$。

【例 4-4】完成棱柱体被截切后的水平投影和侧面投影,如图 4-10 所示。

【分析】截交线的正面投影——落在截平面的积聚性投影上;截交线的水平投影——其中六条边落在六棱柱棱面的积聚性投影上,另一条边为截平面与棱柱顶面交于一条正垂线。

在正面投影上标出截平面与六棱柱的五条棱线的五个截交点 $1'2'3'4'5'$,并标出截平面与棱柱表面的交点的投影 $6'7'$。由 $6'7'$的正面投影作出其水平投影 67 和侧面投影 $6''7''$,过各点作水平方向的投影连线,求出 $1''2''3''4''5''$,顺次链接各点的侧面投影,得截交线的侧面投影。作图过程如图 4-10 所示。

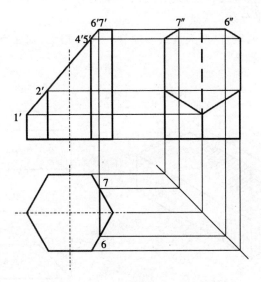

图 4-10　求六棱柱截断体的三面投影

二、同坡屋面的投影

1. 同坡屋面的概念

在坡顶屋面中,同一个屋顶的各个坡面,对水平面的倾角相同,这样的屋面称为同坡屋面。坡屋面各种交线的名称,如图 4-11 所示。

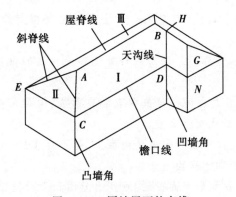

图 4-11　同坡屋面的交线

檐口线——坡屋面与墙体的交线,如 EF、CD、MN 等。

屋脊线——屋檐平行的两坡屋面的相交线,如 AB、JG 等。

斜脊线——两个相邻屋檐相交成凸角时两坡屋面的交线,如 AE、AC、GM、GN 等。

天沟(斜沟)线——两个相邻屋檐相交成凹角时两坡屋面的交线,如 DJ。

2. 坡屋面交线水平投影特征

如图 4-12 所示,屋面交线有如下特征:

(1)檐口线平行的两个坡面相交,交线是一条平行于檐口线的水平线即屋脊线。它的水平投影与这两檐口线的水平投影平行且等距。

(2)相邻两个坡面的檐口线相交,其交线是一条斜脊线或斜沟线,它的水平投影必定为两檐口线水平投影夹角的平分线。

(3)如果在屋面上有两斜脊、两天沟或一斜脊一天沟相交,则交点上必然有另一条屋脊线通过。

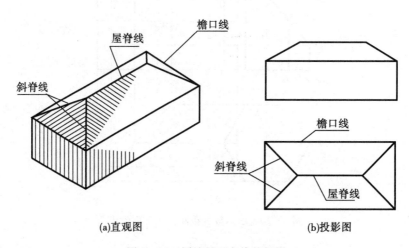

(a)直观图　　　　　　　　　(b)投影图

图 4-12　同坡屋面交线的投影

3. 坡屋面投影的作图规律

【例 4-5】如图 4-13 所示,已知四坡屋面的倾角 $\alpha=30°$ 及檐口的 H 投影,求屋面交线的 H 投影和屋面的 V、W 投影。

(1)房屋平面形状是一个 L 形,它是两个四坡屋面垂直相交的屋顶。假设将房屋平面划分为两个矩形 abcd,fgdh。

(2)据同坡屋面的特点,作各矩形顶角的斜脊线和屋脊线的投影,得到有部分重叠的两个四坡屋面。

(3)L 形平面的凹角 bef 是由两檐口线垂直相交而成,坡屋面在此发生转折,因而有一交线,称为天沟线,过 e 作 45°斜线交于 2 点。

(4)图中 h1、c2、12 各线段都位于重叠的坡面上,是不存在的。且 he、ec 均为假设的,也不存在,擦去这些图线,即得屋面水平面投影。

(5)据给定坡屋面倾角 α 和水平面投影,可作出屋面正立面投影。

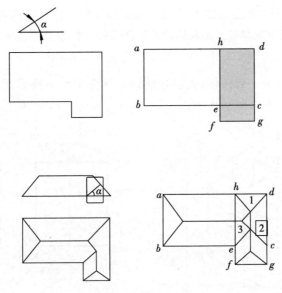

图 4 - 13 画出屋面交线的三面投影

第三节 曲面立体的投影

一、曲面的形成和分类

规则曲面可看成是母线在一定约束条件下运动后的轨迹。母线运动到任何一位置称为素线,母线可以是直线段,也可以是曲线段。曲面的分类如下:

(1)按母线是直线还是曲线,曲面可分为直纹面和曲线面;

(2)按母线的运动方式,曲面可分为回转面和非回转面;

(3)按曲面的可展性,曲面可分为可展曲面和不可展曲面。

基本体的表面是由曲面或由平面和曲面围成的体叫做曲面立体。常见的曲面立体有圆柱、圆锥、圆台和圆球等,如图 4 - 14 所示。

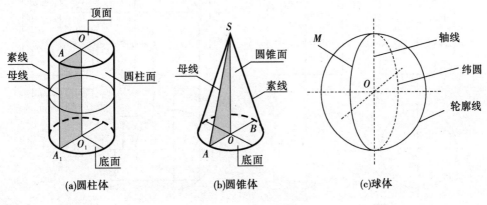

图 4 - 14 曲面立体

由于曲面立体的表面多是光滑曲面,不像平面立体那样有着明显的棱线,因此,作曲面立体投影时,要将回转曲面的形成规律和投影表达方式紧密联系起来,从而掌握曲面投影的表达特点。

1. 圆柱体

如图4-15(a)所示为一圆柱体,该圆柱的轴线垂直于水平投影面,顶面与底面平行于水平投影面。其投影如图4-15(b)所示。

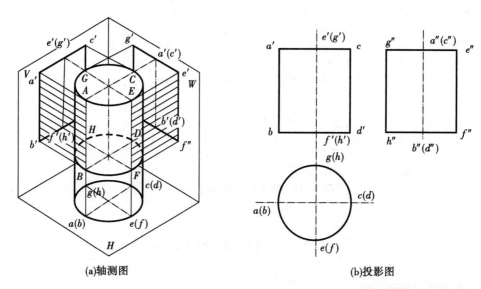

(a)轴测图　　　　　　　　　(b)投影图

图4-15　圆柱体

【例4-6】如图4-16所示,已知圆柱面上两点A和B的正面投影a'和b',求出它们的水平投影a、b和侧面投影a''、b''。

(1)作点A、B的投影,过$a'b'$作投影连线,与水平投影中前半圆周交于点a,后半圆周交于点b,有a、a'求出a'',b、b'求出b''。

(2)判断可见性。点B位于有半柱面上,其侧面投影为不可见。如图4-16所示。

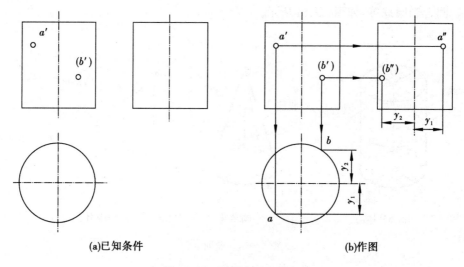

(a)已知条件　　　　　　　　　(b)作图

图4-16　圆柱表面上的点

第四章 立体的投影

【例4-7】 如图4-17所示，已知圆柱面上点 A 和一线的正面投影，求出它们的水平投影和侧面投影。

(1)作点 A 的投影，过 a' 作投影连线，与水平投影中后半圆周交于点 a，由 a、a' 求出 a''。

(2)将直线分为 $1'$、$2'$、$3'$、$4'$ 各点，其中 $1'$、$4'$ 为端点，$2'$ 为竖线上的点，$3'$ 为任意点，与水平投影交于 1、2、3、4，由此得出 $1''$、$2''$、$3''$、$4''$。

(3)判断可见性。3、4 位于圆柱的右半侧，所有 w 面为不可见点，即 $2''$ 至 $4''$ 段线段为不可见。

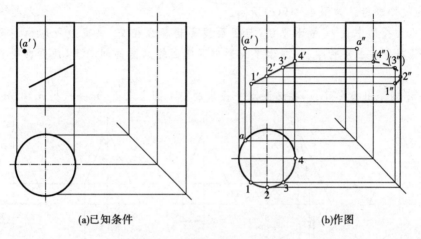

(a)已知条件   (b)作图

图4-17　圆柱表面上的点和线

2. 圆锥体

正圆锥体的轴与水平投影面垂直，即底面平行于水平投影面，其投影如图4-18所示。

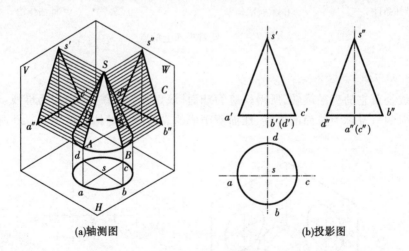

(a)轴测图   (b)投影图

图4-18　圆锥的投影

【例4-8】 如图4-19所示，已知圆锥面上 M 点的正面投影 m'，求作它的水平投影 m 和侧面投影 m''。

【作图】

1. 素线法

圆锥体上任一素线都是通过顶点的直线，已知圆锥体上一点时，可过该点作素线，先作出该素线的三面投影,再利用线上点的投影求得。如图 4 - 19(b)所示。

(1)连 $s'm'$ 并延长,使与底圆的正面投影相交于 l' 点,求出 sl 及 $s''l''$,S1 即为过 M 点且在圆锥面上的素线;

(2)已知 m',应用直线上取点的作图方法求出 m 和 m''。

2. 辅助圆法(纬圆法)

已知圆锥体上一点时,可过该点作与轴线垂直的纬圆,先作出该纬圆的三面投影,再利用纬圆上点的投影求得。如图 4 - 19(c)所示。

(1)在正面投影中过 m' 做水平线,与正面投影轮廓线相交(该直线段即为纬圆的正面投影)。取此线段一半长度为半径,在水平投影中画底面轮廓圆的同心圆(此圆即是该纬圆的水平投影)。

(2)过 m' 向下引投影连线,在纬圆水平投影的前半圆上求出 m,并根据 m' 和 m,求出 m''。

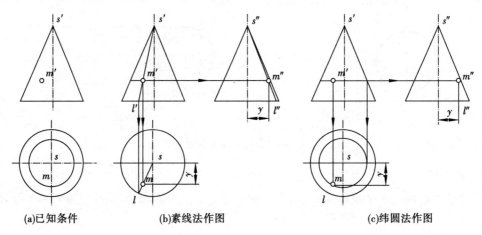

(a)已知条件   (b)素线法作图   (c)纬圆法作图

图 4 - 19 圆锥表面上的点

3. 圆球

圆周曲线绕着它的直径旋转,所得轨迹为球面,该直径为导线,该圆周为母线,母线在球面上任一位置时的轨迹称为球面的素线,球面所围成的立体称为球体。如图 4 - 20 所示。

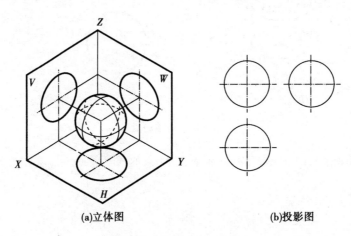

(a)立体图   (b)投影图

图 4 - 20 圆球的三面投影

【**例 4-9**】如图 4-21 所示,已知圆球体面上 M 点、N 点和一直线的水平面投影,求作它的水平投影和侧面投影。

(1)过 m 作水平线,交于正向轮廓圆上,长度即为纬圆的直径,同时可作出纬圆的侧面投影。作为圆的正面投影求出 m',即求出 m''。

(2)点 N 的三面投影可直接得出,这里不再叙述。

(3)连通直线,长度即纬圆的直径,找到三个特殊点 abc,求出正面投影 $a'b'c'$,即求出 $a''b''c''$。

(4)判断可见性。C 点位于球体右半部,故侧面投影不可见。

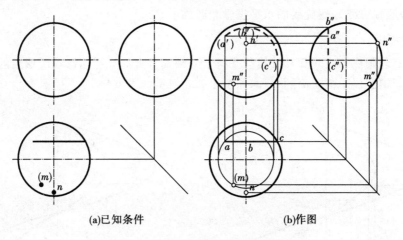

(a)已知条件 （b)作图

图 4-21 球体表面上的点和线

二、圆柱螺旋线与螺旋楼梯

1. 圆柱螺旋线

一动点沿着圆柱面的直母线作等速移动,同时又绕圆柱面的轴线作等速旋转的合运动轨迹,称为圆柱螺旋线,如图 4-22 所示。

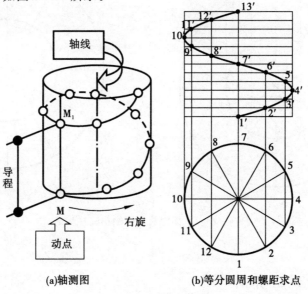

(a)轴测图 （b)等分圆周和螺距求点

图 4-22 圆柱螺旋线

圆柱螺旋线的画法为:根据圆柱螺旋线的三个基本要素,可画出圆柱螺旋线的投影图如图 4-22(b)所示(右旋螺旋线)。

(a)将导面的水平投影(圆周)等分为若干等分(图中为 12 等分),并按逆时针方向顺次标记为 1、2…11、12 各等分点;而在正面投影图上将导程 Ph 作同数等分(12 等分)并自上而下标记为 00、10、20、30…110、120,各等分点。

(b)过等分点 10、20、30…110、120 作 OX 轴平行线与过水平投影各等分点 0、1、2…11、12,作 OX 轴的垂线对应相交,可得 1′、2′…11′、12′,然后依次光滑连接即得螺旋线的正面投影(不可见部分画成虚线),螺旋线的水平投影在圆周上。

2. 平面螺旋

直母线沿着圆柱螺旋线和其轴线且平行于与轴线垂直的导平面运动所形成的曲面称为平面螺旋。平面螺旋属于锥状面的一种,如图 4-23 所示。

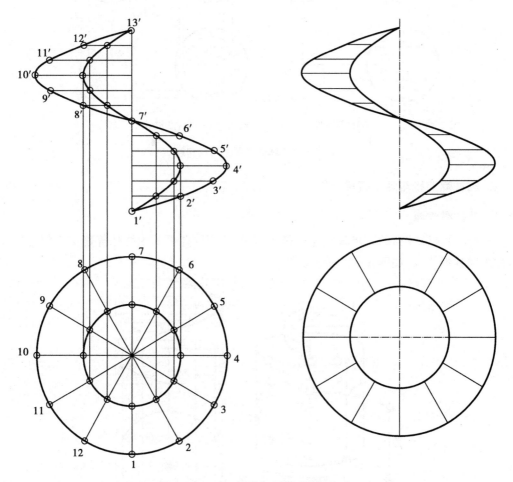

图 4-23 平面螺旋与同轴小圆柱相交

3. 螺旋楼梯

螺旋楼梯,如图 4-24 所示。

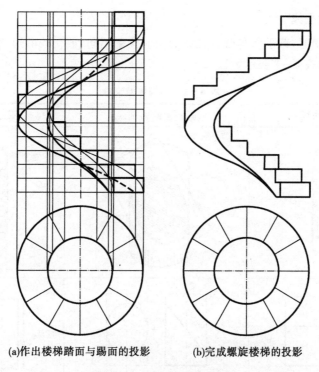

(a)作出楼梯踏面与踢面的投影　　(b)完成螺旋楼梯的投影

图 4-24　螺旋楼梯的画法

第四节　曲面体的截切

一、曲面立体的截交线

曲面立体的截交线一般是封闭的平面曲线,有时是曲线和直线组成的平面图形。

截交线上的点一定是截平面与曲面体的公共点,只要求得这些公共点,将同面投影依次相连即得截交线。

当截平面切割圆柱体和圆锥体时,圆柱体的截交线出现圆、椭圆、矩形三种情况,如图4-25所示。

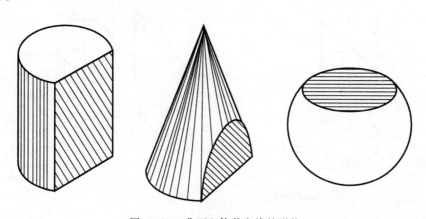

图 4-25　曲面立体截交线的形状

二、圆柱体的截交线

平面与圆柱相交时,截平面与圆柱轴线的相对位置不同,截交线的形状也不相同。截交线有三种不同形状,如表 4－1 所示。

表 4－1　圆柱体截交线

截平面垂直轴线	截平面倾斜轴线	截平面平行轴线
截交线为圆	截交线为椭圆	截交线为矩形

【例 4－10】已知正圆柱体被正垂面 P 切割,求截交线的投影,如图 4－26(a)所示。

截平面与圆柱的轴线倾斜,故截交线为椭圆。此椭圆的正面投影积聚为一直线。由于圆柱面的水平投影积聚为圆,而椭圆位于圆柱面上,故椭圆的水平投影与圆柱面水平投影重合。椭圆的侧面投影是它的类似形,仍为椭圆。可根据投影规律由正面投影和水平投影求出侧面投影。

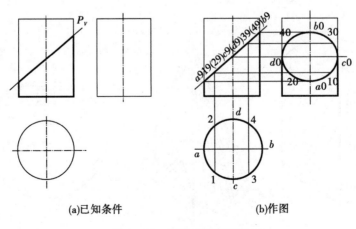

(a)已知条件　　　(b)作图

图 4－26　正圆柱体被切割

三、圆锥体的截交线

当平面与圆锥相交时,由于截平面与圆锥轴线的相对位置不同,截交线的形状也不相同。截交线有五种不同形状,见表 4 - 2。

表 4 - 2 圆锥体截交线

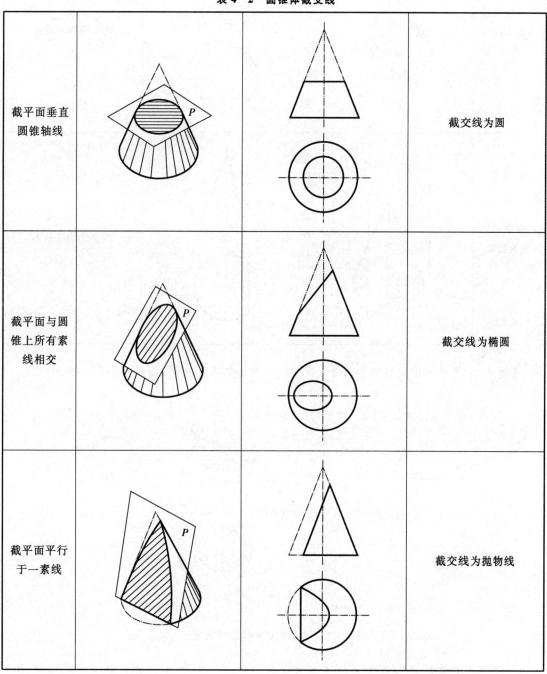

截平面垂直圆锥轴线			截交线为圆
截平面与圆锥上所有素线相交			截交线为椭圆
截平面平行于一素线			截交线为抛物线

截平面平行圆锥上的两素线	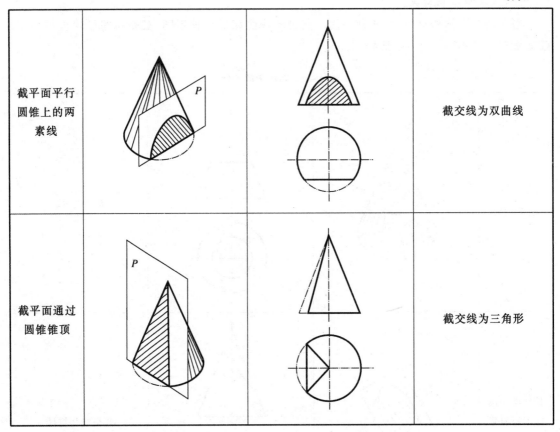	截交线为双曲线
截平面通过圆锥锥顶		截交线为三角形

【例 4 - 11】 已知正圆锥体被正垂面 P 切割,求截交线的投影,如图 4 - 27(a)所示。

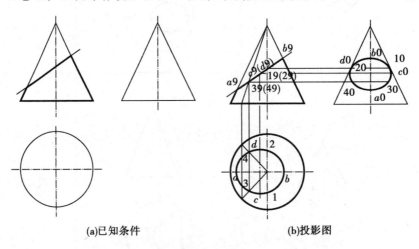

(a)已知条件   (b)投影图

图 4 - 27 作圆锥截断体的三面投影

截交线上最底点 A 和最高点 B,是椭圆长轴上的两个端点,它们的正面投影 a'、b' 是圆锥体正面投影左、右两条正视转向轮廓线与截平面相交的交点的正面投影,可以直接求出。水平投影 a、b 和侧面投影 a''、b'' 可按点从属于线的原理直接求出。截交线的最前点 C 和最后点 D

是椭圆短轴上的两个端点,它们的正面投影$c'(d')$为$a'b'$的中点,可C、D两点作辅助水平面Q截切,作出Q面与圆锥轴线产生的截交线(纬圆)的水平投影求得c、d,再由c、d和c'、d'求得c''和d''。1、2两点是圆锥面前、后两条侧视转向轮廓线与截平面相交的交点,它们的正面投影$1'$、$2'$和侧面投影$1''$、$2''$都可直接求出。其水平投影1、2可按点的三面投影关系求得。

四、球的截交线

平面截切圆球,其截交线的形状为圆。

(1)当截平面平行于投影面时,则截交线圆的投影反映实形;

(2)当截平面垂直于投影面时,则截交线圆的投影为直线段;

(3)当截平面倾斜于投影面时,则截交线圆的投影为椭圆。

【例4-12】完成圆球截切后的水平投影和侧面投影,如图4-28所示。

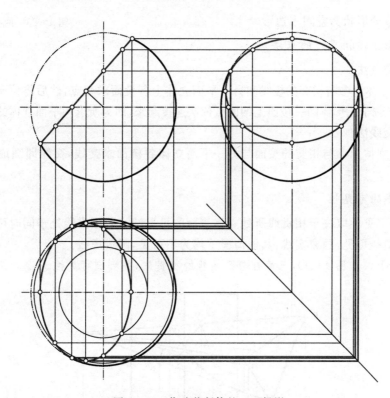

图4-28 作球截断体的三面投影

(1)求特殊点。特殊点分别是截交线上的正视转向轮廓线、俯视转向轮廓线和侧视转向轮廓线上的点的正面投影,它们的水平投影和侧面投影可按点属于线的原理直接求出。

(2)求一般点。可利用辅助平面法求出。

(3)判别可见性。截平面上面部分球体被切掉,截平面左低右高,所以截交线的水平投影和侧面投影均为可见。

(4)连线。将求得的截交线上点的水平投影和侧面投影光滑连成椭圆,连线时注意曲线的对称性。

(5)整理外形轮廓线。

第五节　组合体的投影

在建筑物中,大部分形体是由两个或两个以上的基本形体组合而成的。两立体相交称为相贯,相贯两立体表面的交线称为相贯线,如图 4-29 所示。

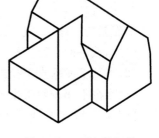

一、两平面立体相交

1. 两平面立体相贯线的性质

(1)相贯线是两立体表面的公有线,相贯线上的点是两立体表面的公有点。

(2)相贯线的形状为空间多边形。

图 4-29　两立体相贯

2. 两平面立体相贯线的求法

(1)棱线交点法。

将两平面立体上参与相交的棱线和另一平面立体上各棱面求交点,然后将位于甲形体同一棱面上,同时又位于乙形体同一棱面上的两点依次连接起来,即为所求两平面立体的相贯线。

(2)棱面交线法。

将两平面立体上参与相交的棱面与另一平面立体各棱面求交线,交线即围成所求两平面立体相贯线。

3. 相贯线的可见性

相贯线的可见性取决于相贯线所处立体表面的可见性。若相贯线处于同时可见的两立体表面上,则相贯线可见,画成实线;其他情况下均为不可见,画成虚线。

【例 4-13】求作图 4-30,三棱柱与三棱锥的相贯线,并判别可见性。

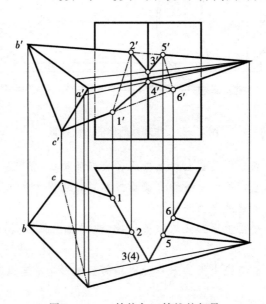

图 4-30　三棱柱与三棱锥的相贯

(1)补绘 H 面投影。

(2)求棱柱和棱锥的表面交点,利用积聚投影在这上面投影上标注相关点1、2、3、4、5、6。

(3)依次连接各相贯点并判断可见性。

二、平面体与曲面立体相交

1. 平面立体与曲面立体相贯线的性质

(1)相贯线是平面立体和曲面立体表面上的公有线,相贯线上的点是平面立体与曲面立体表面上的公有点;

(2)相贯线是由若干段平面曲线(截交线)所组成的空间曲线。

2. 平面立体与曲面立体相贯线的求法

依次求出平面立体上参与相交的各棱面与曲面立体表面的截交线,这些截交线即围成所求平面立体与曲面立体相贯线。

相贯线上的转折点是平面立体上参与相交的棱线与曲面立体的贯穿点。

3. 相贯线的可见性

相贯线位于平面立体可见棱面上,且同时又位于曲面立体可见曲面上,则相贯线可见,用实线绘制;在其他情况下,相贯线均为不可见,用虚线绘制。

三、曲面两体相交

1. 两曲面立体相贯线的性质

(1)相贯线是两曲面立体表面的公有线,相贯线上的点是两曲面立体表面的公有点;

(2)一般情况下,相贯线为封闭的空间曲线。

2. 相贯线的三种基本形式

相贯线的三种基本形式为:

(1)两平面体相贯;

(2)两曲面体相贯;

(3)平面体与曲面体相贯。

3. 两曲面立体相贯线的求法

作出相贯线上足够的公有点,然后用光滑曲线依次连接各点。在求公有点时,首先求出相贯线上的特殊点(最高点、最低点、最左点、最右点、最前点、最后点和转向轮廓线上的点),然后在适当的位置作出一般点。如图 4 - 31 所示。

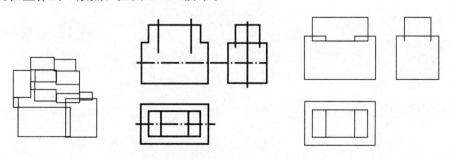

图 4 - 31 两曲面立体相贯线的求法

思考题

1. 什么是基本体？它是如何分类的？
2. 平面体投影图的投影特性和识读注意事项有哪些？
3. 曲面体投影图的投影特性和识读注意事项有哪些？
4. 什么是素线法、纬圆法？
5. 如何标注基本体投影图的尺寸？

第五章

轴测图

第一节 轴测图的基本知识

一、轴测投影图的形成

将物体连同确定物体的坐标轴,向一个与确定该物体的三个坐标面倾斜的投影面投影,所得的平行投影即为轴测投影。该投影面称为轴测投影面,如图 5-1 所示。

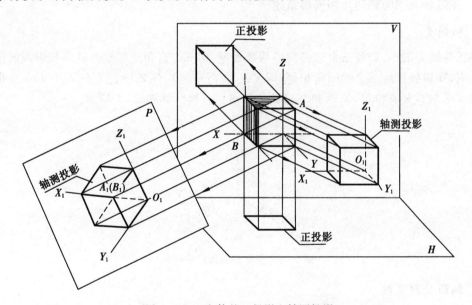

图 5-1 正方体的正投影和轴测投影

二、轴间角和轴向变形系数

(1)轴测轴——三个坐标轴 X_1、Y_1、Z_1 的轴测投影 X、Y、Z。

(2)轴间角——轴测轴之间的夹角,$\angle XOY$、$\angle YOZ$、$\angle ZOX$。

(3)轴倾角——轴测轴 X、Y 与水平线间的夹角。

(4)轴向伸缩系数——轴测轴上的单位长度与对应坐标轴上的单位长度之比。

X 轴轴向伸缩系数:$p = OA/O_1A_1$

Y 轴轴向伸缩系数:$q = OB/O_1B_1$

Z 轴轴向伸缩系数:$r = OC/O_1C_1$

三、轴测投影的基本性质

由于轴测投影所用的是平行投影,所以轴测投影具有平行投影的投影特性。轴测投影的基本性质有:

(1)平行于某一坐标轴的空间直线,投影以后平行于相应的轴测轴。

(2)空间互相平行的两直线,投影以后仍互相平行。

(3)点在直线上,点的轴测投影在直线的轴测投影上。

四、轴测投影的种类

根据投影方向与轴测投影面的关系可把轴测投影分为两类:正轴测投影和斜轴测投影。

(1)正轴测投影:投影方向垂直于轴测投影面;轴向变形系数 $p=q=r$。

(2)斜轴测投影:投影方向倾斜于轴测投影面;轴向变形系数 $p=q\neq r$。

第二节　正等轴测图

一、正等轴测图的轴间角和变形系数

1. 轴间角

在正等轴测图中,如果三个轴向伸缩系数相等,则三个直角坐标轴与轴测投影面的倾斜角度必相同,所以投影后三个轴间角相等,即 $\angle X_1 O_1 Y_1 = \angle Y_1 O_1 Z_1 = \angle Z_1 O_1 X_1 = 120°$。根据习惯画法,$OZ$ 轴成竖直位置,X 轴和 Y 轴的位置可以互换。如图 5-2 所示。

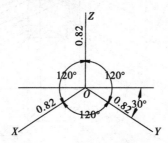

图 5-2　正等轴测图的轴间角

2. 轴线变形系数

正等测的轴线变形系数相等,即 $p=q=r=0.82$。为了作图简单,常采取简化轴向变形系数 $p=q=r=0.82\approx1$。用简化轴向变形系数画出的正等轴测图与实际形体轴测图完全一样,只是放大了 1.22 倍。如图 5-3 所示。

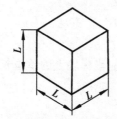

(a)按简化轴向伸缩系数绘制

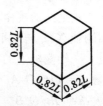

(b)按实际轴向伸缩系数绘制

图 5-3　边长为 L 的正方体的轴测图

二、平面立体的正等轴测图画法

1. 坐标法

由多面正投影图画轴测图时,应先选好适当的坐标体系,画出对应的轴测轴,然后,按一定方法作图。画平面立体轴测图的基本方法是按坐标画出各顶点的轴测图,这种方法称为坐标法,如图 5-4 所示。

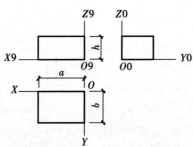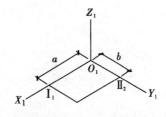

(a)在正投影图上定出原点和坐标轴的位置。

(b)画轴测轴,在 O_1X_1 和 O_1Y_1 上分别量取 a 和 b,过 Ⅰ$_1$、Ⅱ$_1$ 作 O_1X_1 和 O_1Y_1 的平行线,得长方体底面的轴测图。

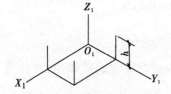

(c)过底面各角点作 O_1Z_1 轴的平行线,量取高度 h,得长方体顶面各角点。

(d)连接各角点,擦去多余的线,并描深,即得长方体的正等测图,图中虚线可不必画出。

图 5-4 长方体的正等测图的画法

【例 5-1】根据三棱锥的三面投影图,画出它的正等轴测图。

【作图】作图步骤,如图 5-5 所示。

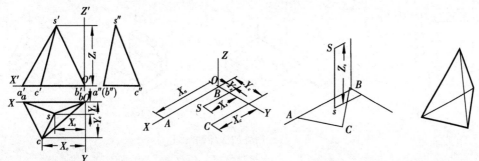

(a)在三棱锥的视图上定坐标轴和坐标原点

(b)画轴测轴,定底面各角点和锥顶 S 在底面的投影 s

(c)根据锥顶的高度定出 s

(d)连接各顶点定成作图

图 5-5 用坐标法画三棱锥的正等轴测图

2. 特征面法

特征面法适用于画柱类形体的轴测图。首先确定形体的特征面,再画出其轴测图,再由特征面各顶点画出可见棱线,最后画出另一底面的可见轮廓,这种作图方法称为特征面法。

【例5-2】根据六棱柱的三面投影图,画出它的正等轴测图。

【作图】从图5-6中看出,该体是六棱柱体,柱底面是特征面,且为正平面。用特征面画法画形体正等测图的作图步骤,如图5-6所示。

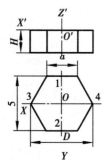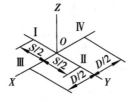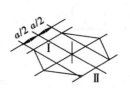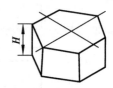

(a)在视图上定坐标轴和坐标原点

(B)画轴测轴,根据尺寸S、D定出Ⅰ、Ⅱ、Ⅲ、Ⅳ点

(c)过Ⅰ、Ⅱ作直线平行OX,并在Ⅰ、Ⅱ的两边各取a/2和连接各顶点

(d)过各顶点向下画侧棱,取尺寸H;画底面各边;加深图线,完成作图

图5-6 正六棱柱正等轴测图的画法

3. 叠加法

当形体由几部分叠加而成时,逐部分画出其轴测图并组合成整体,这种作图方法称为叠加法。

【例5-3】根据组合体的三面投影图,画出它的正等轴测图。

【作图】作图步骤,如图5-7所示。

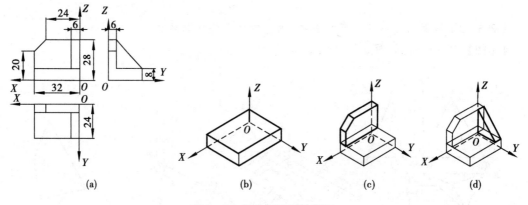

(a)　　　　(b)　　　　(c)　　　　(d)

图5-7 用叠加法画轴测图

4. 切割法

当形体是由基本体切割而成时,可先画出原基本体,然后依次进行切割,这种完成形体轴测图的方法称为切割法。

【例5-4】根据组合体的三面投影图,画出它的正等轴测图。

【作图】作图步骤,如图5-8所示。

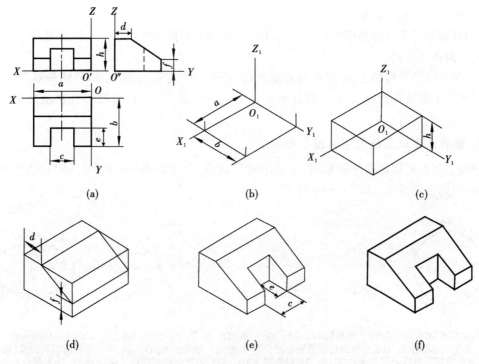

(a)   (b)   (c)

(d)   (e)   (f)

图 5-8 用切割法画轴测图

三、曲面立体的正等轴测图的画法

1. 坐标平面（或其平面）上的圆的正等轴测投影

坐标平面（或其平行面）上的圆的正等轴测投影为椭圆。立方体平行于坐标平面的各表面上的内切圆的正等轴测投影，如图 5-9 所示。

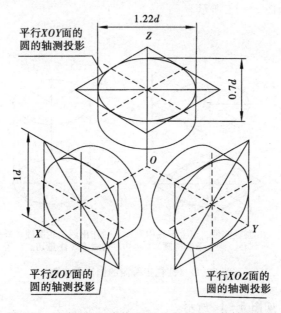

图 5-9 坐标平面（或其平面）上的圆的正等轴测投影

从图 5-9 中可以看出：

（1）分别平行于坐标平面的圆的正等轴测投影均为形状和大小完全相同的椭圆，但其长轴和短轴方向各不相同。

（2）各椭圆的长短轴方向不同，且在菱形（圆的外切正方形的轴测投影）的长对角线上；短轴方向平行于不属于此坐标平面的那根坐标轴的轴测投影（即轴测轴），且在菱形的短对角线上。

2. 圆的正等轴测投影（椭圆）的画法

椭圆常用的近似画法是菱形法，现以坐标平面 XOY 上的圆（或其平行圆）的正等轴测投影为例，说明作图方法，如图 5-10 所示。

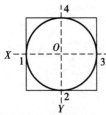 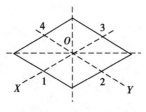 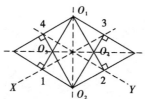 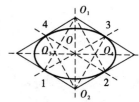

(a)过圆心 O 作坐标轴 OX 和 OY，再作四边平行坐标轴的圆的外切正方形，切点为 1、2、3、4

(b)画出轴测轴 OX、OY。从 O 点沿轴向直接量圆半径，得切点 1、2、3、4，过各点分别作轴测轴的平行线，即得圆的外切正方形的轴测图——菱形，再作菱形的对角线

(c)过 1、2、3、4，作菱形各边的垂线，得交点 O_1、O_2、O_3、O_4，即是画近似椭圆的四个圆心，O_1、O_2 就是菱形短对角线的顶点，O_3、O_4 都在菱形的长对角线上

(d)以 O_1、O_2 为圆心，$O_1 1$ 为半径画出大圆弧 $\overset{\frown}{12}$、$\overset{\frown}{34}$；以 O_3、O_4 为圆心，$O_3 1$ 为半径画出小圆弧 $\overset{\frown}{14}$、$\overset{\frown}{23}$。四个圆弧连成的就是近似椭圆

图 5-10 水平圆正等测的画法与步骤

3. 常见曲面立体的正等轴测投影画法

（1）圆柱的画法，如图 5-11 所示。

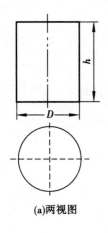 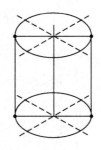 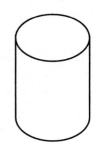

(a)两视图

(b)画轴测轴，定上下底中心，画上下底椭圆

(c)作出两边轮廓线（外公切线）（注意切点位置）

(d)擦去多余线，加深图线，完成作图

图 5-11 圆柱正等测的画法与步骤

（2）圆锥台的画法，如图 5-12 所示。

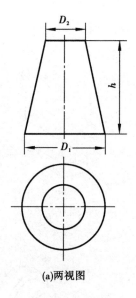
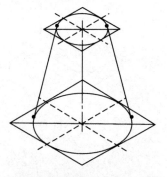
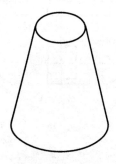

| (a)两视图 | (b)画出上下底椭圆后，锥面两边的轮廓线是两个椭圆的外分切线（注意切点位置） | (c)擦去多余线，加深图线，完成作图 |

图 5-12　圆台正等测的画法与步骤

4. 形体上圆角正等轴测投影的画法

从图 5-13 用菱形法近似画椭圆可以看出，菱形的钝角与大圆弧相对，锐角与小圆弧相对，菱形相邻两边的中垂线的交点就是大圆弧（或小圆弧）的圆心，由此可得出圆角的正等轴测投影的近似画法：画圆角正等轴测投影时，只要在作圆角的两边上量取圆角半径 R，自量得的点作边线的垂线，然后以两垂线交点为圆心，以交点至垂足的距离为半径画弧，所得的弧即为圆角的正等轴测投影。图 5-13(a)是带圆角的四棱柱底版，其正等轴测投影的作图步骤，如图 5-13(b)所示。

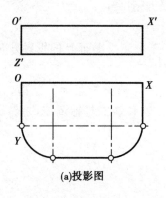
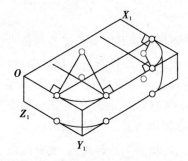

| (a)投影图 | (b)过各切点作相应的垂线，确定圆心，画圆弧 |

图 5-13　圆角的画法

5. 简单体的轴测图

画简单体的轴测图时，首先要进行形体分析，弄清形体的组合方式及结构特点，然后考虑表达的清晰性，从而确定画图的顺序，综合运用坐标法、切割法、叠加法等画出简单体的轴测图，例如支座的正等测图如图 5-14 所示。

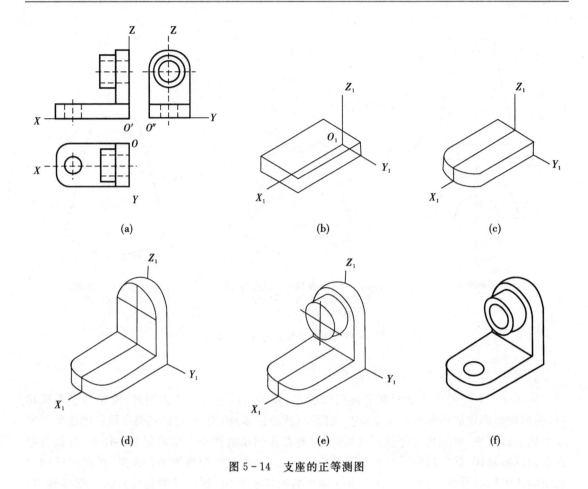

图 5-14　支座的正等测图

第三节　斜二等轴测图

将物体连同确定其空间位置的直角坐标系,按倾斜于轴测投影面 P 的投射方向 S,一起投射到轴测投影面上,这样得到的轴测图,称斜轴测投影图。

斜二等轴测图是以平行于 $X_1O_1Z_1$ 坐标面的平面作为轴测投影面。这样,凡是平行于 $X_1O_1Z_1$ 坐标面的平面图形,在斜等轴测图上反映实形。这种斜二等轴测图,是斜轴测投影图的特例,又称为正面斜二等轴测图。

一、斜二等轴测图的轴间角、变形系数

1. 轴间角

在斜二测图中,OZ 轴仍处于竖直位置,轴间角 $\angle X_1O_1Z_1 = 90°$,$\angle X_1O_1Y_1 = \angle Y_1O_1Z_1 = 135°$。

2. 轴线变形系数

轴线变形系数相等。采用 $p=r=1,q=0.5(O_1Y_1$ 轴的轴向变形系数),如图 5-15 所示。

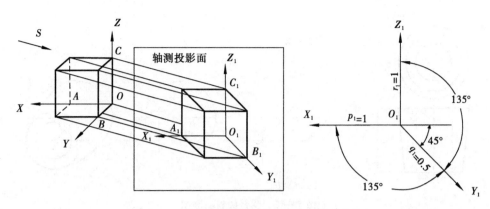

图 5-15 斜二等轴测图的轴间角和变形系数

二、斜二测图的画法

斜二测图的画法与正等测图的画法基本相似,区别在于轴间角不同以及斜二测图沿 O_1Y_1 轴的尺寸只取实长的一半。在斜二测图中,物体上平行于 XOZ 坐标面的直线和平面图形均反映实长和实形,所以,当物体上有较多的圆或曲线平行于 XOZ 坐标面时,采用斜二测图比较方便。

四棱台的斜二测图的作图方法与步骤如图 5-16 所示。

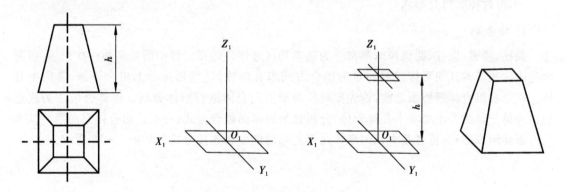

图 5-16 四棱台的斜二测图

三、斜二等轴测图中平行于坐标面的圆的轴测投影

因为轴侧投影面平行于 $X_1O_1Z_1$ 坐标面,所以平行于 $X_1O_1Z_1$ 坐标面的圆,其轴测投影仍为原来的大小的图。若所画物体仅在一个方向上有圆,画它的斜二测图时,把圆放在平行于 $X_1O_1Z_1$ 坐标面的位置,可避免画椭圆,这是斜二测图的一个优点。

平行于 $X_1O_1Y_1$ 和 $Y_1O_1Z_1$ 坐标面的圆,其斜二测图投影为长、短轴大小分别相同的椭圆。长轴方向与相应坐标轴夹角约为 $7°$,偏向于椭圆外切平行四边形的长对角线一边,长为 $1.06d$,短轴垂直于长轴,大小为 $d/3$。

圆台的斜二测图的作图方法与步骤如图 5-17 所示(画出参照轴测轴和前底面的实形,再画出可见侧棱,然后画出底面轮廓线(后底面圆心用移心法画出)。

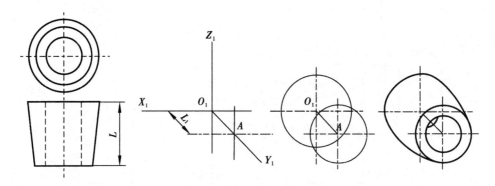

图 5-17　圆台的斜二测图

四、正等轴测图和斜二测图的优缺点

(1)在斜二测图中,由于平行于 XOZ 坐标面的平面的轴测投影反映实形,因此,当立体的正面形状复杂,具有较多的圆或圆弧,而在其他平面上图形较简单时,采用斜二测图比较方便。

(2)正等轴测图最为常用,其优点是直观、形象,立体感强;缺点是椭圆作图复杂。

第四节　组合体视图的画法及尺寸注法

一、组合体的组合形式

1. 组合体

棱柱、棱锥、圆柱、圆锥和球等都称为基本几何形体。而在工程中所见到的一些形体,可看成是由这些基本几何形体按照一定的组合方式组合而成,这些形体称为组合形体,简称组合体。在绘制组合体投影图之前,首先要对所绘制的组合体进行形体分析。形体分析法为假想把组合体分解为若干个基本几何形体,分析该组合体的组合方式;分析该组合体是由哪些基本几何形体组成的;分析各基本几何形体之间的相对位置和连接方式。如图 5-18 所示。

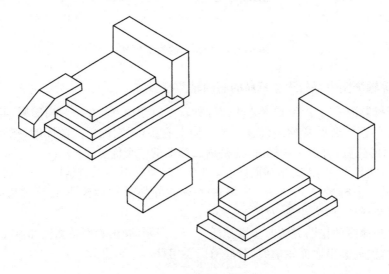

图 5-18　组合体的组合形式

2. 组合体视图的画法

(1)两表面平齐与不平齐。当两形体邻接表面平齐时,组合处表面无线;而当两邻接表面不平齐时,组合处表面有线,如图5-19所示。

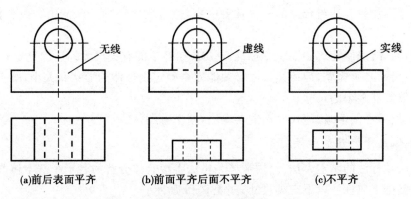

(a)前后表面平齐　　(b)前面平齐后面不平齐　　(c)不平齐

图5-19 两形体叠加时的表面过渡关系

(2)两形体相交时,在相交处应画出交线,如图5-20所示。

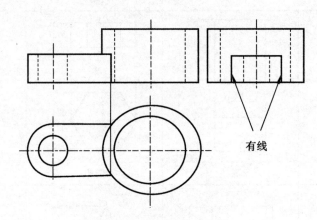

图5-20 两形体相交,有线

(3)两形体表面相切时,相切处无线,如图5-21所示。

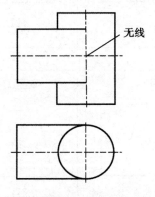

图5-21 两表面相切,无线

二、组合体投影图的尺寸标注

1. 组合体尺寸标注的基本要求

组合体投影图只能表达物体的形状,而各部分的实际大小及相对位置,必须通过尺寸标注来表达。尺寸标注是表达组合体的一项重要内容,应做到完整、合理、清晰。组合体尺寸标注基本要求如下:

(1)必须遵守《房屋建筑制图统一标准》(GBJ—86)中的有关尺寸标注的规定;

(2)所注尺寸必须完整,即所注尺寸必须能完全确定组合体的形状和大小,既不能遗漏,一般也不应有重复和多余的尺寸;

(3)所注尺寸必须清晰,即尺寸布置要得当,便于看图。

2. 组合体尺寸标注的方法

组合体尺寸标注的基本方法:运用形体分析法将组合体分解为若干个基本体或简单体,在形体分析的基础上应标注以下三类尺寸,如表 5-1 所示。

表 5-1 常见基本形体的定形尺寸

三棱柱	四棱柱	六棱柱	四棱锥
四棱台	圆柱	圆锥	圆球
半球	圆台		内环

(1)定形尺寸:确定各基本几何形体形状大小的尺寸。

(2)定位尺寸:确定各基本几何形体之间相对位置的尺寸。标注定位尺寸时,必须首先选定尺寸基准,即选定物体长、宽、高三个方向的尺寸基准。尺寸基准的选择为:非对称物体的底面或某个端面、对称物体的对称面或回转物体的轴线。

(3)总体尺寸:确定物体的总长、总宽、总高的尺寸。

3. 组合体尺寸标注的注意事项

(1)尽可能将尺寸就近标注在最能反映物体特征的视图上;

(2)尽可能避免在虚线上标注尺寸;

(3)尺寸不能标注在物体的截交线或相贯线上;

(4)尺寸排列要整齐,大尺寸排在外边,小尺寸排在里边。

思考题

1. 什么是轴测投影?

2. 什么是轴间角和轴向伸缩系数?

3. 正等测的简化系数是多少?

4. 轴测图的基本绘制方法有哪些?

5. 斜二测绘制的特点是什么?什么图形宜选用斜二测绘制?

6. 圆角的正等测的绘制方法是什么?

7. 轴测图的类型及其投影方向的选择。

8. 简述组合体尺寸标注的一般步骤。

第六章

建筑装饰剖面图和断面图

第一节　视　图

一、基本视图

1. 多面正投影法

房屋建筑视图是按正投影法并用第一角画法绘制的多面投影图。如图 6-1 所示,在 V、H、W 三个基本投影面的基础上,再增加 V_1、H_1、W_1 三个基本投影面,围成正六面体,将物体向这六个基本投影面投射,并将投影面展开与 V 面共面,得到六个基本投影图,也称基本视图。基本视图的名称以及投射方向如图 6-1 所示。

(1)正立面图:由前向后投射得到的视图。

(2)平面图:由上向下投射得到的视图。

(3)左侧立面图:由左向右投射得到的视图。

(4)右侧立面图:由右向左投射得到的视图。

(5)底面图:由下向上投射得到的视图。

(6)背立面图:由后向前投射得到的视图。

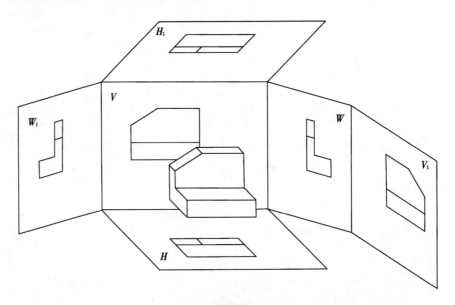

图 6-1　基本投影面的展开

二、向视图

向视图是可自由配置的视图,其表达方式为:在视图的下方标注图名,并在图名下画出一粗横线,其长度以图名所占长度为准。标注图名的向视图,其位置宜按主次关系从左到右依次排列,如图6-2所示。

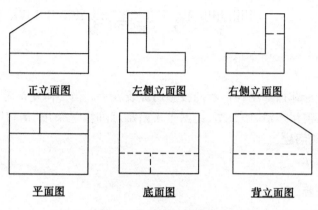

图6-2　向视图的位置

三、镜像投影法

某些工程结构形状用直接正投影法不易表达时,可用镜像投影法绘制,如图6-3(a)所示,将镜面代替投影面,物体在平面镜中的反射图像的正投影称为镜像投影。镜像投影图也称为镜像视图。镜像视图应在图名后注写"镜像"两字并加括号。镜像视图与基本视图的区别如图6-3(b)所示。

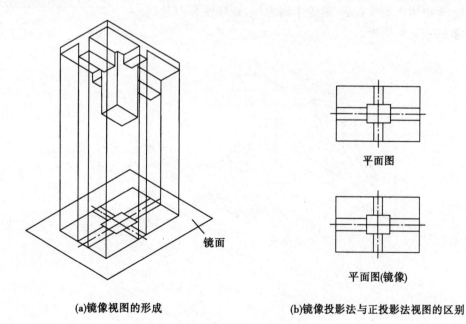

(a)镜像视图的形成　　　　　　　(b)镜像投影法与正投影法视图的区别

图6-3　镜像投影法

四、展开视图

在房屋建筑中,经常会出现立面的某部分与基本投影面不平行,如圆形、折线形及曲线形等,画立面图时,可将该部分展至与基本投影面平行,再按直接正投影法绘制,并在图名后加注"展开"两字。

第二节　剖面图

一、剖面图概念

在视图中,建筑形体内部结构形状的投影用虚线表示。当形体复杂时,视图中出现较多的虚线,实、虚线交错,混淆不清,给绘图、读图带来困难,此时,可采用"剖切"的方法来解决形体内部结构形状的表达问题。

二、剖面图的画法

1. 剖面图的选择

假想用剖切面(平面或曲面)剖开物体,将处在观察者和剖切面之间的部分移去,而将其余部分向投影面投射所得的投影称为剖面图。如图 6-4 是杯形基础的视图,基础内孔投影出现了虚线,使形体表达不很清楚。假想用一个与基础前后对称面重合的平面 P 将基础剖开(见图 6-5),移去观察者与平面之间的部分,而将其余部分向 V 面投射,得到的投影图称为剖面图,剖开基础的平面 P 称为剖切面。杯形基础被剖切后,其内孔可见,在图 6-6 中用粗实线表示,避免了画虚线,这样使杯形基础的内部形状的表达更清晰。

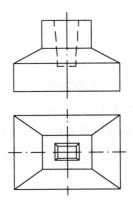

图 6-4　基本视图

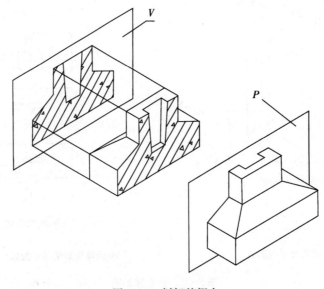

图 6-5　剖切的概念

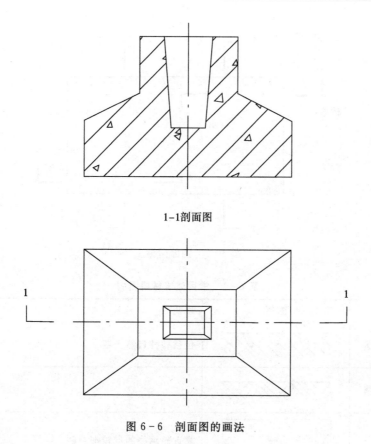

1-1剖面图

图 6-6　剖面图的画法

2. 剖面图的标注

(1)剖切符号。

剖面图的剖切符号应由剖切位置线和投射方向线组成,均用粗实线绘制。剖切位置线长度约为 6～10mm。投射方向线应与剖切位置线垂直,长度约为 4～6mm。剖切符号不应与图线相交。

(2)剖切符号编号。

剖切符号的编号应采用阿拉伯数字,从小到大连续编写,在图上按从左至右,由上到下的顺序进行编号。

3. 剖面图标注的步骤

(1)在剖切平面的迹线的起、迄、转折处标注剖切位置线,在图形外的位置线两端画出投射方向线(见图 6-7)。

(2)在投射方向线端注写剖切符号编号,见图 6-7 中"1-1"。如果剖切位置线需要转折时,应在转角外侧注上相同的剖切符号编号,见图 6-7 中"3-3"。

(3)在剖面图下方标注剖面图名称,如"×—×剖面图",在图名下绘一条水平粗实线,其长度应以图名所占长度为准,如图 6-6 中的"1-1剖面图"。

4. 图例材料

常用建筑材料图例如表 6-1 所示。

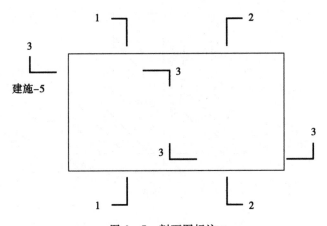

图 6-7 剖面图标注

表 6-1 常用建筑材料图例

序号	名称	图例	说明
1	自然土壤		包括各种自然土壤
2	夯实土壤		
3	砂、灰、土		靠近轮廓线的点较密一些
4	混凝土		1. 本图例仅适用于承重的混凝土及钢筋混凝土 2. 包括各种强度等级、骨料、添加剂的混凝土 3. 在剖面图上画出钢筋时,不画图例线 4. 断面图形小时,不易画出图例线时,可涂黑
5	钢筋混凝土		
6	毛石		
7	普通砖		1. 包括实心砖、多孔砖、砌块等砌体 2. 断面较窄,不易画出图例线时,可涂红
8	饰面砖		包括铺地砖、马赛克、陶瓷锦砖、人造大理石等
9	空心砖		指非承重砖砌体

续表 6－1

序号	名称	图例	说明
10	木材		1. 上图为横断面,从左至右依次为垫本、本砖、本龙骨 2. 下图为纵横面
11	金属		1. 包括各种金属 2. 图形小时,可涂黑
12	天然石材		
13	多孔材料		包括水泥珍珠岩、沥青珍珠岩、泡沫混凝土、非承重加气混凝土、泡沫塑料、软木等

注:图例中的斜线均为 45°。

三、剖面图的种类及画法

1. 剖切面的种类

由于物体内部形状复杂,常选用不同数量、不同位置的剖切面来剖切物体,才能把它们内部的结构形状表达清楚。常用的剖切面有单一剖切面、几个平行的剖切平面、几个相交剖切面等。

(1)单一剖切面。

一般用一个剖切面(平面或曲面)剖开物体。若剖切平面通过物体对称平面,剖面图按投影关系配置,可省略标注。

(2)几个平行的剖切面。

有的物体内部结构层次较多,用单一剖切面剖开物体还不能将物体内部全部显示出来,此时可以用几个平行的剖切面剖切物体,见图6－8,因此这种剖切也称为阶梯剖切。

采用阶梯剖切画剖面图应注意以下两点:

①画剖面图时,应把几个平行的剖切平面视为一个剖切平面。在剖面图中,不可画出两平行的剖切面所剖到的两断面在转折处的分界线;同时,剖切平面转折处不应与图形轮廓线重合。

②在剖切平面起、迄、转折处都应画上剖切位置线,投射方向线与图形外的起、迄剖切位置线垂直,每个符号处应注上同样的编号,图名仍

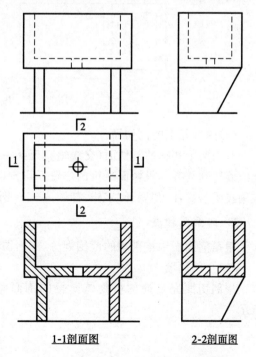

1-1剖面图　　2-2剖面图

图6－8　作水池的1－1、2－2全剖面图

为"×—×剖面图"。如图 6 - 9 所示。

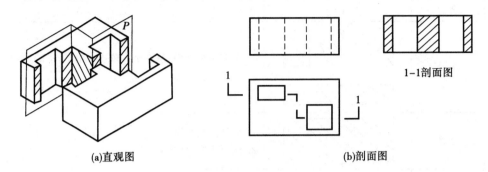

(a)直观图   (b)剖面图

图 6 - 9 阶梯剖面图

注意:同一剖切面内,如果建筑物用两种或两种以上的材料构造,绘制图例时,应用粗实线将不同的材料图例分开,如图 6 - 10 所示,左边水槽部分为砖构造,右边水槽为部分为钢筋混凝土构造,剖面图中两种材料图例分界处用粗实线绘制。

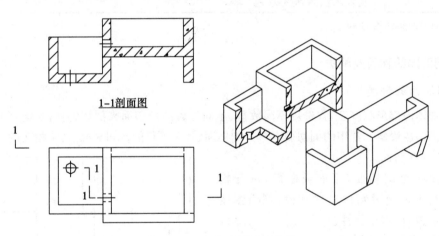

图 6 - 10 几个平行剖切平面

(3)两个相交的剖切面。

采用两个相交的剖切面(交线垂直于某一投影面)剖切物体,剖切后将剖切面后的物体绕交线旋转到与基本投影面平行的位置后再投影。画图时应先旋转,后投影。用此方法作图时,应用在图名后注明"展开"字样,如图 6 - 11、图 6 - 12 所示。

2. 剖面图种类

根据剖面图中被剖切的范围划分,剖面图可分为全剖面图、半剖面图、局部剖面图。

(1)全剖面图。

用剖切面完全地剖切物体所得的剖面图称为全剖面图。如图 6 - 6、图 6 - 8、图 6 - 9 所示。

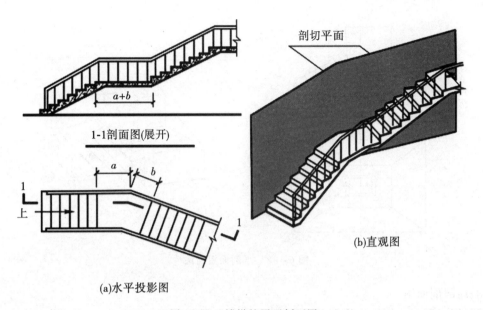

图 6-11　楼梯的展开剖面图

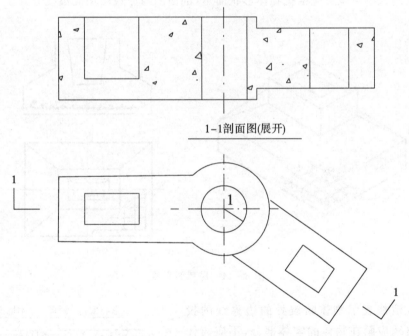

图 6-12　两个相交的剖切平面

(2)半剖面图。

当物体具有对称平面时,在垂直于对称平面的投影面上所得的投影,可以对称中心线为界,一半绘制成视图,另一半绘制成剖面图,这样的剖面图称为半剖面图,如图 6-13 所示。

画半剖面图时应注意视图与剖面图的分界线应是中心线,不可画成粗实线。

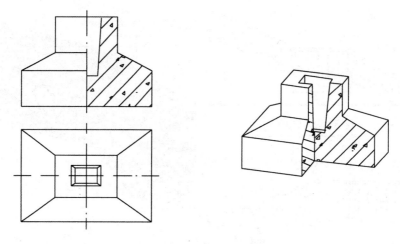

图 6-13 半剖面图画法

(3)局部剖面图。

用剖切面局部地剖开物体所得的剖面图称为局部剖面图(见图 6-14)。作局部剖面图时,剖切平面的大小与位置应根据物体形状而定,剖面图与原视图用波浪线分开。

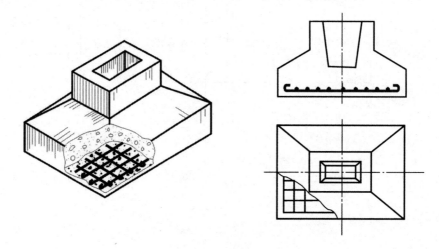

图 6-14 局部剖面图

注意:波浪线表示物体断裂处的边界线的投影,因而波浪线应画在物体的实体部分,不应与任何图线重合或画在实体之外。

用几个互相平行的剖切平面分别将物体局部剖开,把几个局部剖面图重叠画在一个视图上,用波浪线将各层的投影分开,这样的剖切称为分层剖切(见图 6-15、图 6-16)。分层剖切主要用来表达物体各层不同的构造作法。分层剖切一般不标注。

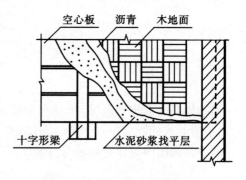

图 6-15 分层剖切剖面图(一)

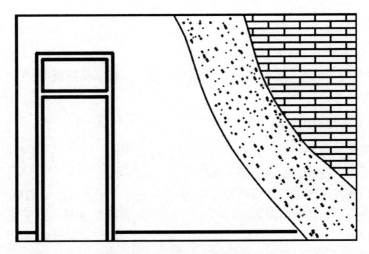

图 6-16　分层剖切剖面图(二)

第三节　断面图

一、断面图概念

断面图是假想用剖切面将物体某部分切断,仅画出该剖切面与物体接触部分的图形(见图 6-17)。断面图可简称断面,常用来表示物体局部断面形状。

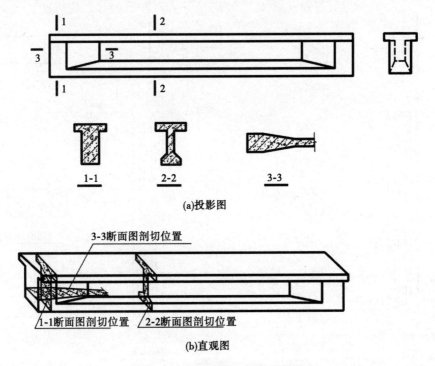

(a)投影图

3-3断面图剖切位置

1-1断面图剖切位置　2-2断面图剖切位置

(b)直观图

图 6-17　钢筋混凝土梁的投影图

二、断面图标注

1. 剖切符号

断面图中剖切符号由剖切位置线表示。剖切位置线用粗实线绘制,长度约 6～10mm。

2. 剖切符号编号

剖切符号编号与剖面图相同。

3. 断面图的标注步骤

(1)在剖切平面的迹线上标注剖切位置线。

(2)在剖切位置线一侧注写剖切符号编号,编号所在一侧表示该断面剖切后的投射方向。

(3)在断面图下方标注断面图名称,如"×－×"。并在图名下画一水平粗实线,其长度以图名所占长度为准。

断面图与剖面图的区别(见图 6－18):

(1)在画法上,断面图只画出物体被剖开后截面的投影,而剖面图除了要画出截面的投影,还要画出剖切面后物体可见部分的投影。

(2)在不省略标注的情况下,断面图只需标注剖切位置线,用编号所在一侧表示投射方向,而剖面图用投射方向线表示投射方向。

(3)剖面图的图名为"×－×剖面图",图名中有"剖面图"三个字;断面图的图名只需标注为"×－×"。

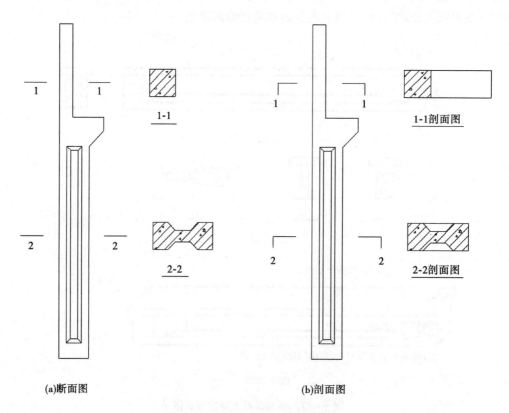

图 6－18　断面图与剖面图的区别

三、断面图的种类及画法

断面图分为移出断面和重合断面。

1. 移出断面

画在物体投影轮廓线之外的断面图称为移出断面。为了便于看图,移出断面应尽量画在剖切平面的迹线的延长线上。断面轮廓线用粗实线表示。

细长杆件的断面图也可画在杆件的中断处,这种断面图也称为中断断面,中断断面不需要标注,如图 6-19 所示。

2. 重合断面

画在剖切位置迹线上,并与视图重合的断面图称为重合断面,见图 6-20。重合断面一般不需要标注。

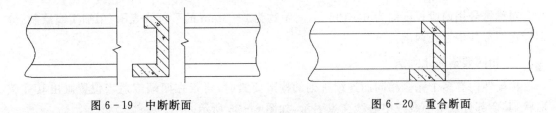

图 6-19　中断断面　　　　　　　　图 6-20　重合断面

重合断面轮廓线用粗实线表示,当视图中的轮廓线与重合断面轮廓线重合时,视图的轮廓线仍应连续画出,不可间断。这种断面图用来表示墙立面装饰折倒后的形状、屋面形状、坡度时,也称为折倒断面,见图 6-21。

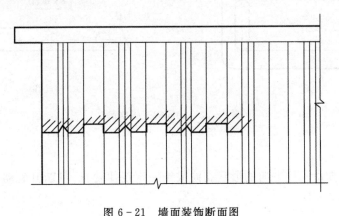

图 6-21　墙面装饰断面图

第四节　简化画法

为了读图及绘图方便,国标中规定了一些简化画法。

一、对称简化画法

构配件的视图有一条对称线时,可只画该视图的一半;视图有两条对称线时,可只画该视图的 1/4,并在对称中心线上画上对称符号,见图 6-22。

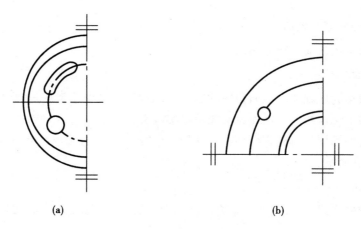

(a)   (b)

图 6-22   对称省略画法

对称符号用两段长度约为 6~10mm,间距约为 2~3mm 的平行线表示,用细实线绘制,分别标在图形外中心线两端。

二、相同要素简化画法

构配件内有多个完全相同而连续排列的构造要素时,可仅在两端或适当位置画出其完整形状,其余部分以中心线或中心线交点表示,如图 6-23 所示。

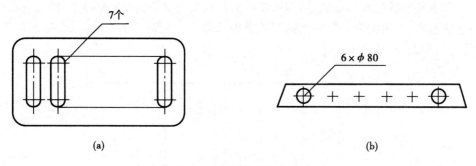

(a)   (b)

图 6-23   相同构造省略画法

三、折断画法

较长的构件,如沿长度方向的形状相同或按一定规律变化,可断开省略绘制,断开处应以折断线表示,见图 6-24。

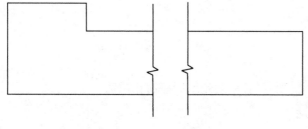

图 6-24   折断简化画法

思考题

1. 六个基本视图是怎样形成的？
2. 剖面图是怎样形成的？种类有哪些？
3. 断面图是怎样形成的？种类有哪些？
4. 什么是半剖面图？应用于哪种情况？画半剖面图时应注意什么？
5. 常用的简化画法有哪些？

第七章

房屋建筑施工图

第一节　概　述

一、房屋建筑的组成及作用

一幢房屋由基础、墙或柱、楼地面、楼梯、屋顶、门窗等部分组成。现以图7-1为例,简要介绍房屋的各个组成部分及其作用。

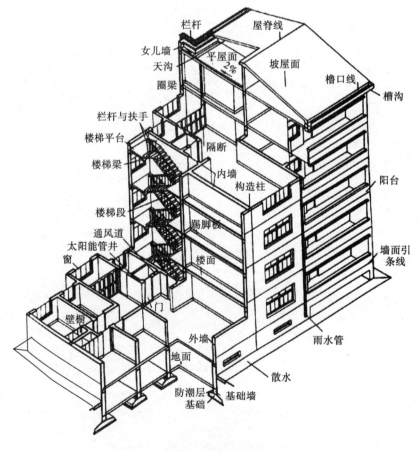

图7-1　某住宅楼基本组成示意图

1. 基础

基础是房屋埋在地面以下的最下方的承重构件。它承受着房屋的全部荷载,并把这些荷载传给地基。

2. 墙或柱

墙或柱是房屋的垂直承重构件,它承受屋顶、楼层传来的各种荷载,并传给基础。外墙同时也是房屋的围护构件,抵御风雪及寒暑对室内的影响,内墙同时起分隔房间的作用。

3. 楼地面

楼板是水平的承重和分隔构件,它承受着人和家具设备的荷载并将这些荷载传给柱或墙。楼面是楼板上的铺装面层,地面是指首层室内地坪。

4. 楼梯

楼梯是楼房中联系上下层的垂直交通构件,也是火灾等灾害发生时的紧急疏散要道。

5. 屋顶

屋顶是房屋顶部的围护和承重构件,用以防御自然界的风、雨、雪、日晒和噪声等,同时承受自重及外部荷载。

6. 门窗

门具有出入、疏散、采光、通风、防火等多种功能,窗具有采光、通风、观察、眺望的作用。

此外,房屋还有通风道、烟道、电梯、阳台、壁橱、勒脚、雨篷、台阶、天沟、雨水管等配件和设施,在房屋中根据使用要求分别设置。

二、建筑图分类

遵照建筑制图标准和建筑专业的习惯画法绘制建筑物的多面正投影图,并注写尺寸和文字说明的图样,叫建筑图。

建筑图包括建筑物的方案图、初步设计图(简称初设图)和扩大初步设计图(简称扩初图)以及施工图。

施工图根据其内容和各工种不同分为:建设施工图、结构施工图和设备施工图。

(1)建筑施工图(简称建施图),主要用来表示建筑物的规划位置、外部造型、内部各房间的布置、内外装修、构造及施工要求等。它的内容主要包括施工图首页、总平面图、各层平面图、立面图、剖面图及详图。

(2)结构施工图(简称结施图),主要表示建筑物承重结构的结构类型、结构布置、构件种类、数量、大小及作法。它的内容包括结构设计说明、结构平面布置图及构件详图。

(3)设备施工图(简称设施图),主要表达建筑物的给水排水、暖气通风、供电照明、燃气等设备的布置和施工要求等。它主要包括各种设备的布置图、系统图和详图等内容。

三、标准图和标准图集

为了加快设计和施工的速度,提高设计与施工的质量,把各种常用的、大量性的房屋建筑及建筑构配件,按国标规定的统一模数,根据不同的规格标准,设计编出成套的施工图,以供选用。这种图样叫做标准图或通用图。将其装订成册即为标准图集。标准图集的使用范围限制在图集批准单位所在的区域。

　　标准图有两种,一种是整套房屋的标准设计(定型设计),另一种是目前大量使用建筑构配件标准图集。建筑标准图集代号常用"建"或字母"J"表示,如北京市"实腹钢门窗图集"代号为"京J891",西南地区(云、贵、川、藏)"屋面构造图集"代号为"西南J202",甘肃省的"地下建筑防水构造"代号为"甘12J4"。结构标准图集的代号常用"结"或字母"G"表示,如甘肃省"湿陷性黄土地区墙下条形基础"代号为"甘12G3",重庆市"楼梯标准图集"代号为"渝结7905"等。

第二节　首页图和建筑总平面

一、首页图

　　首页图一般包括图纸目录和设计说明。图纸目录列出了全套图纸的类别,各类图纸分别有几张,每张图纸的图号、图名、图幅大小。若有写构件采用标准图,应列出它们所在标准图集的名称、标准图的图名或页次。编制图纸目录的目的是为查找图纸提供方便。

　　设计总说明的内容包括:施工图的设计依据和房屋的结构形式;房屋设计规模和建筑面积;相对标高与绝对标高的关系;室内外构配件的用料说明、作法;施工要求及注意事项等。作为一个实例,下面摘录了图7-1所示的某小区住宅楼设计总说明中的建筑设计说明部分内容。

某住宅设计说明(部分)

一、设计依据

1. 甲方委托合同书。

2. 规划管理部门批准的建设用地范围。

3. 甲方提供的地形图,比例为1:500。

4. 本工程涉及以下相关国家及甘肃省现行设计法规、规范、规程和标准:

《民用建筑设计通则》(GB 50352—2005);

《住宅设计规范》(GB 50096—2011);

《住宅建筑规范》(GB 50368—2005);

《屋面工程技术规范》(GB 50345—2004);

《民用建筑外保温系统及外墙装饰防火暂行规定》公通字[2009]46号通知;

《建筑设计防火规范》(GB 50016—2006);

《城市道路和建筑物无障碍设计规范》(JGJ 50—2001)

《城市居住区规划设计规范》(GB 50180—93)(2002年版);

《严寒和寒冷地区居住建筑节能设计标准》(JGJ 26—2010);

《民用建筑工程室内环境污染控制规范》(GB 50325—2001)(2006年版);

《建筑工程设计文件编制深度规定》(2008年版);

《安全防范工程技术规范》(GB 50348—2004);

《工程建设标准强制性条文》(房屋建筑部分)(2009年版);

《全国民用建筑工程设计技术措施:规划·建筑·景观》(2009年版)。

二、工程概况

1. 本工程为某住宅项目4#楼,由某工程有限公司开发建设,项目位于某市。建筑主体地上七层,砖混结构,一层为储藏室,二至六层为住宅,七层为阁楼。一层层高为2.20m,二至七层层高均为 2.900m,室内外高差 1.000m,建筑高度 16.700m。

2. 本工程建筑总面积为:1695.6m²。

3. 本建筑为多层住宅,耐火等级为二级;屋面防水等级为Ⅲ级,防水层耐用年限为 10 年。

4. 室内环境污染控制类别:住宅Ⅰ类,其他Ⅱ类。

三、设计标高

1. 本工程正负 0.000 对应绝对标高由甲方、监理、设计三方会同现场确定,确定无误后方可施工。

2. 各层标注标高为建筑完成面标高,屋面标高为结构面标高。

3. 本工程标高以 m 为单位,总平面尺寸以 m 为单位,其他尺寸以 mm 为单位。

四、设计构造

1. 墙体的基础部分详见结施图。

2. 外墙为 300 厚,轴线内 100,轴线外 200,轻集料混凝土复合保温砌块砌筑,外墙抹 30 厚保温砂浆;分户墙为 200 厚,轴线居中,KM 型粘土空心砖砌筑。厨房、卫生间隔墙为 100mm 厚烧结黏土多孔砖。按照《甘肃省 02 系列建筑标准设计图集》。墙体砌筑质量控制等级≥B 级。

3. 本工程中,凡预埋木砖均作防腐处理,外露金属构件需红丹打底再刷银灰色调和漆两遍。

4. 施工时,各工种必须密切配合,预留好各种孔洞,预埋好各种构件,以免造成浪费。

5. 本工程所有消火栓箱、配电箱型号、外形尺寸详见各工种施工图。

6. 卫生间楼地面比同层低 0.02m,向地漏找 1% 坡,预留孔洞位置详见结施留洞施工图。地漏的安装见甘 02J05-2-65-A。

7.(1)坡屋面做法见 00J202-1-8-W3,屋顶保温层为 80 厚挤塑聚苯泡沫板,防水层为 1.5 厚合成高分子防水卷材一道。

(2)雨篷屋面做法为钢筋混凝土现浇板上抹 1:2.5 水泥砂浆,内掺 5% 防水剂。

8. 窗均选用白色塑钢窗,所有门内开内平安装,外开外平安装,选用门窗型号和数量详见门窗表;所有窗气密性≥6 级,窗水密性≥3 级,窗抗风压性≥5 级。

9. 所有户内木门均为木本色,油漆施工为底漆一道,调和漆两道,金属构件除锈后刷防锈漆一道,调和漆两道,具体做法详见甘 02J01—油漆。

五、建筑防火设计

住宅每单元为一个防火分区,单元与单元之间用防火墙进行分隔;外墙保温材料燃烧性能为 A 级。

六、防水工程

所有设备、电气各种管道穿墙时,应仔细对照各专业图纸留洞,考虑变形余量,并按专业要求做防水处理。

七、防火封堵

1. 凡上下水管、空调管、电缆桥架穿越防火墙处,均应采用与被穿越防火墙的耐火极限等同的不燃材料封堵。

2. 竖向管道井每层在楼板处采用不低于楼板耐火极限的不燃烧体或防火封堵材料封堵。

3. 所有非承重隔墙均要求砌筑到楼板或梁底,不留任何缝隙。

八、土建施工时应根据构造要求对照建筑详图（包括标准图集）在墙、梁、柱、板内预埋构件或防腐木砖且需与结构、水暖、电等专业图纸密切配合，若发现问题应及时与设计方协商解决，图纸中未尽事宜按国家现行《建筑安装工程及验收技术规范》执行。施工单位不得擅自修改设计。此外，本图未经审查不得作为施工图使用。

二、建筑总平面图

1. 总平面图的形成与作用

总平面图主要表示整个建筑基地的总体布局，具体表达新建房屋的位置、朝向以及周围环境（如原有建筑物、交通道路、绿化、地形等）基本情况的图样。总平面图是新建房屋定位、放线以及布置施工现场的依据。总图中用一条粗虚线来表示用地红线，所有新建拟建房屋不得超出此红线并满足消防、日照等规范。总图中的建筑密度、容积率、绿地率、建筑占地、停车位、道路布置等应满足设计规范和当地规划局提供的设计要点。

由于总平面图包括地区较大，《建筑制图标准》规定：总平面图的比例应用 1:500、1:1000、1:2000 来绘制。在实际工程中，由于国土局以及有关单位提供的地形图常为 1:500 的比例，故总平面图常用 1:500 的比例绘制。

由于比例较小，故总平面图上的房屋、道路、桥梁、绿化等都用图例表示。表 7-1 列出的为《建筑制图标准》规定的总图图例（以图形规定出的画法称为图例）。

2. 总平面图的内容与读图示例

现以图 7-2 某住宅的总平面图为例，说明总平面图的内容和读图方法。

(1)图名、比例和有关的文字说明。

由图 7-2 的图名可知，该图是某学校东边一个小区的总平面图，绘图比例为 1:500，在这个范围内要新建一栋七层教工住宅，由图中的文字说明可知，两栋教工住宅的西墙前后对齐。

(2)小区的风向、方向和用地范围。

小区的风向在总平面图中用风向频率玫瑰图表示，它是根据当地平均多年统计的各个吹风次数的百分数，按一定比例绘制的，风的方向是从外吹向中心。实线表示全年风向频率，虚线表示 6、7、8 三个月的夏季风向频率。从图 7-2 中所示的风向频率玫瑰图可以看出该小区常年主导风向是西北风，夏季主导风是东南风。由风向频率玫瑰图上的指北针可知这个小区是某学校东边的一部分，位于南北东三条路之间。

(3)新建房屋的平面形状、大小、朝向、层数、位置和室内外地面标高。

图 7-2 中画出了新建教工住宅的平面形状为左右对称，朝向正南，东西向总长 25.2m，南北向总宽 13.14m，共七层。房屋的位置可用定位尺寸或坐标确定，从图中可以看出，这栋新建教工住宅在小区的东北角，其位置以原有的教工住宅定位，西墙与原有教工住宅的西墙对齐，南墙与原有教工住宅的北墙相距 21m。它的底层室内地面的绝对标高为 145.05m，室外地面的绝对标高为 146.05m，室外地面高出室内地面 1.00m。

(4)新建房屋周围的地形、地物和绿化情况。

在总平面图中，对于地势有起伏的地方，应画出表示地形的等高线，因该小区地势平坦，故不画等高线。由图 7-2 可知，在新建教工住宅的四周有绿化地，南面是阔叶灌木，北面是针叶灌木，东西两面是阔叶乔木和草地。在新建教工住宅的周围还有道路，它与该住宅的出入口之间有 2.00m 宽的人行道相连。

表 7-1 常用总平面图例

名称	图例	说明	名称	图例	说明
新建的建筑物	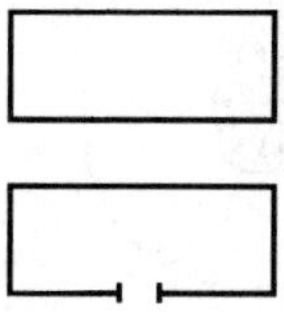	1. 上图为不现出入口的图例,下图为现出入口的图例; 2. 需要时,可在图形内右上角以点数或数字(高层宜用数字)表示层数; 3. 用粗实线表示	所有的道路		用细实线表示
			计划扩建的道路		用中虚线表示
			人行道		用细实线表示
原有的建筑物	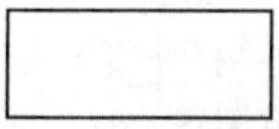	1. 应注明拟利用者; 2. 用细实线表示	拆除的道路		用细实线表示
计划扩建的预留地或建筑物	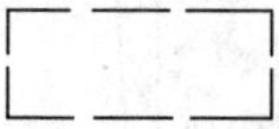	用中虚线表示	公路桥		用于旱桥时应注明
拆除的建筑物	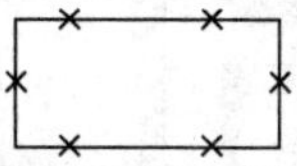	用细实线表示			
围墙及大门	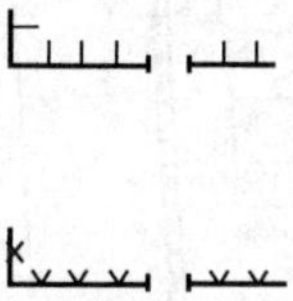	1. 上图为砖石、混凝土或金属材料的围墙,下图为镀锌铁丝网、篱笆等围墙; 2. 如仅表示围墙时不画大门	敞棚或敞廊		
			铺砌场地		
			针叶乔木		
坐标	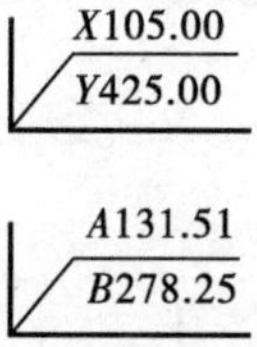 $X105.00$ $Y425.00$ $A131.51$ $B278.25$	上图表示测量坐标 下图表示测量施工坐标	阔叶乔木		
填挖边坡	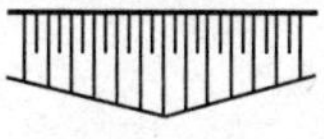	边坡较长时,可在一端或两端局部表示	针叶灌木		
护坡			阔叶灌木		
新建的道路	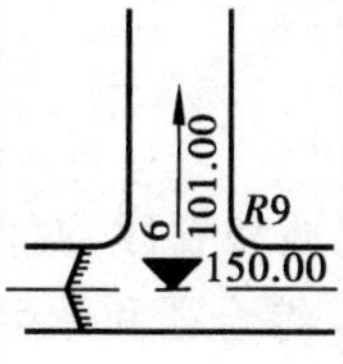 6 101.00 $R9$ $\blacktriangledown 150.00$	1. $R9$ 表示道路转变半径为 9m,150.00 为路面中心标高,6 表示 6%,为纵向坡度,101.00 表示变坡点间距离; 2. 图中斜线为道路断面示意,根据实际需要绘制	修剪的树篱	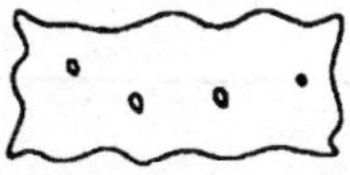	
			草地		
			花坛	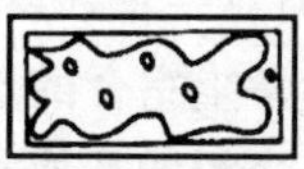	

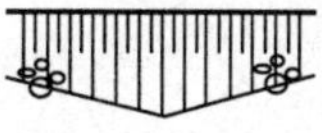

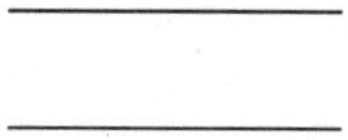

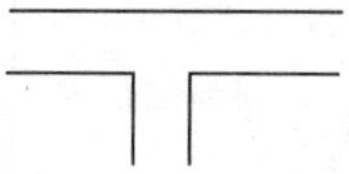

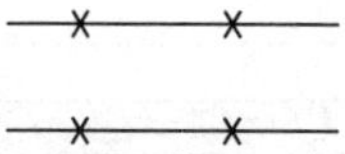

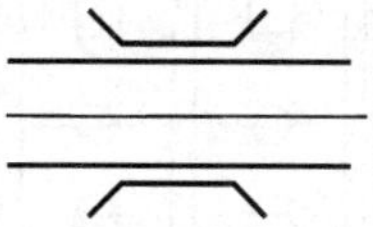

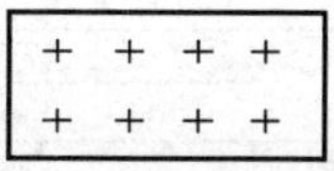

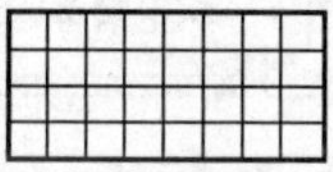

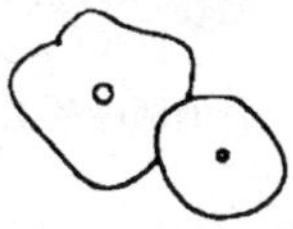

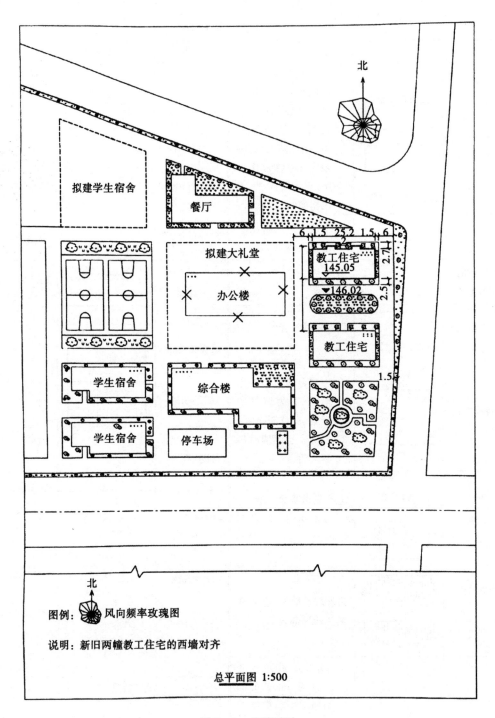

图例: 风向频率玫瑰图

说明:新旧两幢教工住宅的西墙对齐

总平面图 1:500

图7-2 总平面图

从图7-2中还可以看出,在新建教工住宅的西北面是一绿化地和餐厅,西面有一栋待拆迁的办公楼,南面有一栋六层的教工住宅楼,小区的最南边是花园、综合楼和学生宿舍,最西边是篮球场和拟建学生宿舍的预留地。沿东、南、北三面墙边有1.5m宽的树木和草地绿化带,该小区有道路与学校的其他小区相通。

第三节 建筑平面图

一、建筑平面图的用途

建筑平面图,简称平面图,是用以表达房屋建筑的平面形状,房间布置,内外交通,以及墙、柱、门窗等构配件的位置、尺寸、材料和做法等内容的图样。

平面图是建筑施工图的主要图纸之一,在施工过程中,它是房屋的定位防线、砌墙、设备、安装、装修以及编制概预算、备料等重要依据。

二、平面图的形成

平面图的形成通常是假想用一水平剖切面经过门窗洞口之间将房屋剖开,移去剖切平面以上的部分,将余下部分用直接正投影法投影到 H 面上而得到的正投影图。平面图反映出房屋的平面形状、大小和布置;墙柱的位置、尺寸和材料;门窗的类型和位置等(见图 7-3、图 7-4)。另外,装修工程设计中的顶棚平面图为镜像投影法绘制,并应在图名后加备注"镜像"二字。

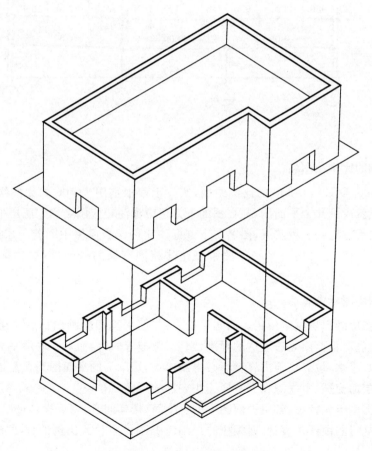

图 7-3 平面图的形成

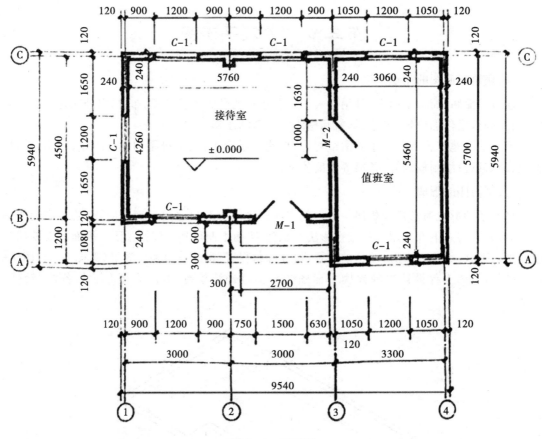

图 7-4 平面图

三、平面图的比例及图名

平面图 1:50、1:100、1:200 的比例绘制,实际工程中常用 1:100 的比例绘制。一般情况下,房屋有几层就应画几个平面图,并在图的下方正中标注相应图名,如"底层平面图""二层平面图"等。图名下方应画一粗实线,图名右下方标注比例。当房屋中间若干层的平面布局、构造情况完全一致时,则可用一个平面图来表达这相同布局的若干层,这也称之为标准层平面图。

四、平面图的图示内容

底层平面图应画出房屋本层相应的水平投影;二层平面图除画出房屋二层范围的投影内容外,还应画出底层平面图无法表达的雨篷、阳台、窗楣等内容,而对于底层平面图上已表达清楚的台阶、花池、三水、垃圾箱等内容就不必再画出;三层以上的平面图则只需要画出本层的投影内容及下一层的窗楣、雨篷等在下一层无法表达的内容。

建筑平面图由于比较小,各层平面图中的卫生间、楼梯间、门窗等投影难以详尽表示,此时可采用"国标"规定的图例来表达,而相应的详细情况则另用较大比例的详尽图来表达。具体图例见表 7-2。

表 7－2 房屋建筑图常用图例

名称	图例	说明	名称	图例	说明
楼梯	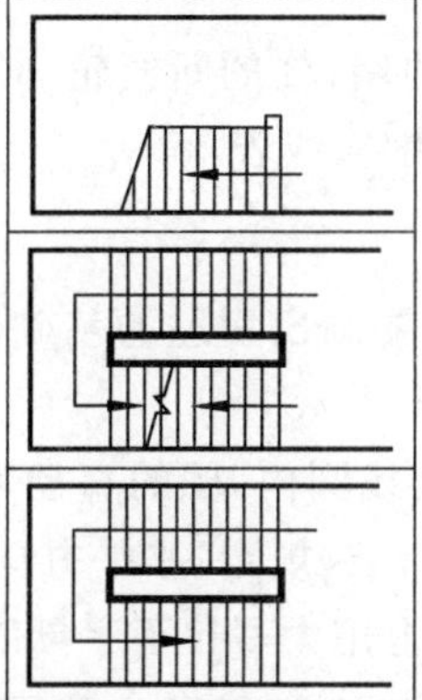	1. 上图为底层楼梯平面,中图为中间层楼梯平面,下图为顶层楼梯平面; 2. 楼梯的形式及步数应按实际情况绘制	单层内开平开窗		1. 窗的名称代号用 C 表示 2. 其他同门
单扇门(包括平开或单面弹簧)	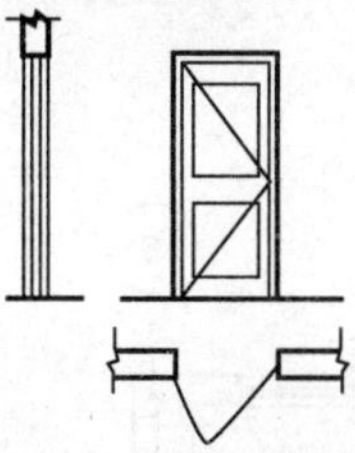	1. 门的名称代号用 M 表示 2. 剖视图上左为外、右为内,平面图上下为外,上为内 3. 立面图上开启方向线交角的一侧为安装合页的一侧,实线为外开,虚线为内开 4. 平面图上的开启弧线及立面图上的开启方向线,在一般设计图上不需要表示,仅在制作图上表示 5. 立面形式应按实际情况绘制	上推窗		
双扇门(包括平开或单面弹簧)			左右推拉窗		
			孔洞		
			坑槽		
单扇内外开双层门(包括平开或单面弹簧)			烟道		
			通风道		
			洗脸盆		
双扇内外开双层门(包括平开或单面弹簧)			浴盆		
			盥洗槽		
			污水池		
单层外开平开窗	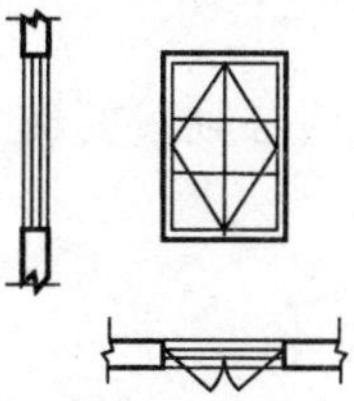	1. 窗的名称代号用 C 表示 2. 其他同门	蹲式大便器	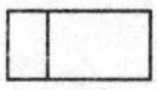	
			坐式大便器	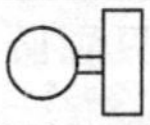	
			小便器		

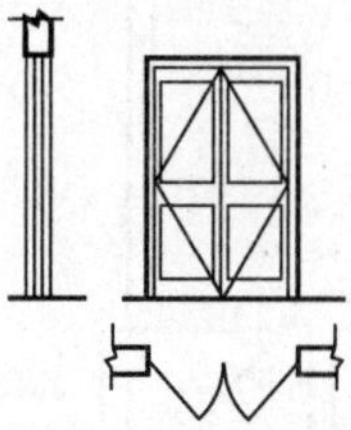

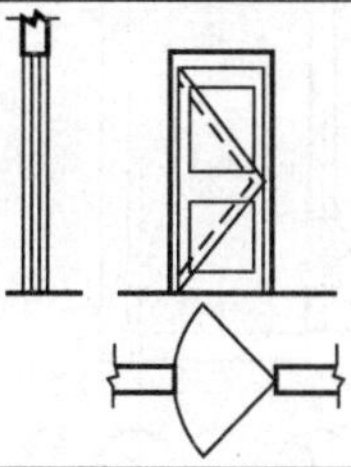

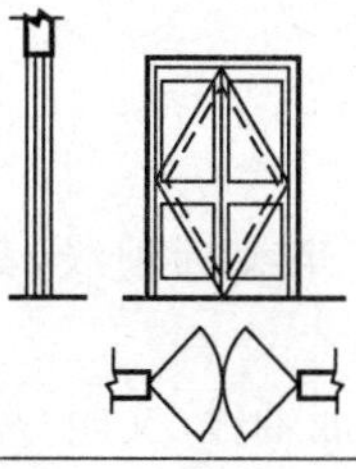

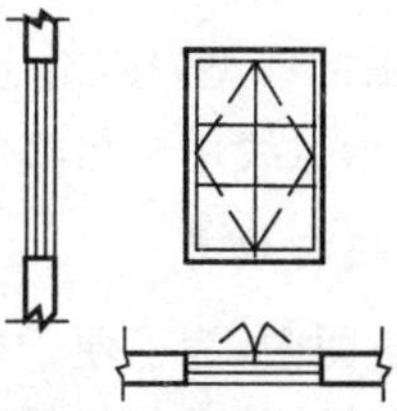

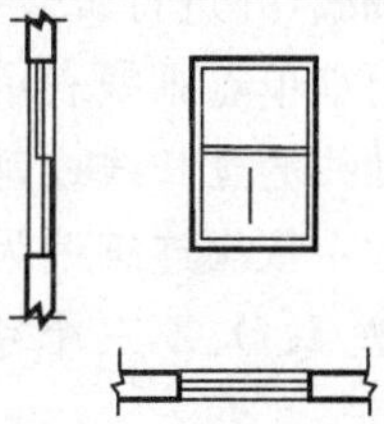

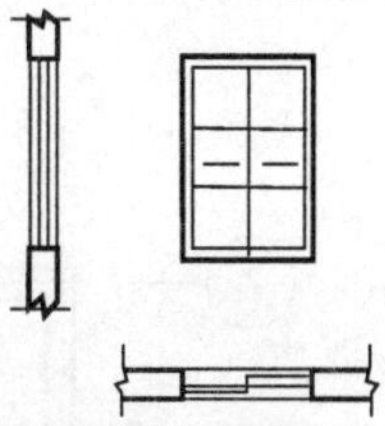

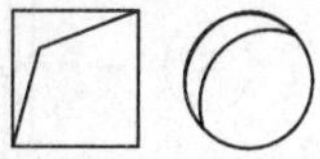

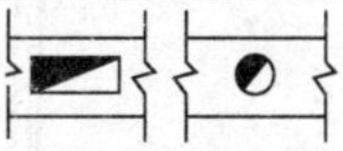

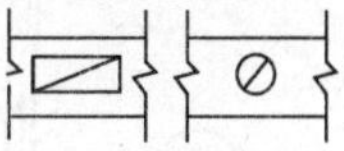

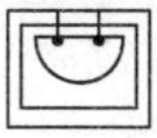

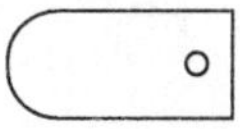

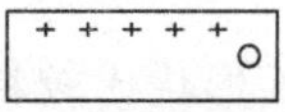

五、平面图制图的有关规定

1. 平面图的线型

建筑平面图的线型,按《建筑制图标准》规定,凡是剖到的墙、柱的断面轮廓线,宜用粗实线,门窗的开启示意线用中粗实线表示,其余可见投影线可用细实线表示。

2. 定位轴线与编号

在房屋建筑图中,为了便于确定房屋各承重构件的位置,要画出房屋的基础、墙、柱、屋架等承重构件的轴线,并进行编号,这些轴线称为定位轴线。

定位轴线用细单点画线表示,其编号注在轴线端部的细实线圆内,圆的直径为 8~10mm,圆心应在定位轴线的延长线或延长线的折线上。《建筑制图标准》规定:水平方向的轴线自左至右用阿拉伯数字依次连续编为①②③……竖直方向自下而上用大写拉丁字母依次连续为Ⓐ Ⓑ Ⓒ……并除去 I、O、Z 三个字母,以免与阿拉伯数字中的 0、1、2 三个数字混淆。如图 7-5所示。

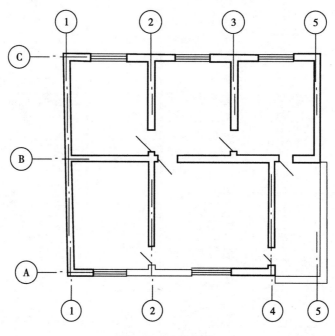

图 7-5 定位轴线

假如建筑平面形状比较特殊,也可用采用分区编号的形式来编标轴线,其方式为"分区号—该区轴线号"。

一般承重墙其外墙等编为主轴线,非承重墙、隔墙等编为附加轴线(又叫分轴线)。附加轴线编号如图 7-6 所示。

在画详图时,若一个详图适用于几个定位轴线时,应同时注明各轴线的编号,若是通用详图,其定位轴线端部只画圆,不注写轴线编号,如图 7-7 所示。

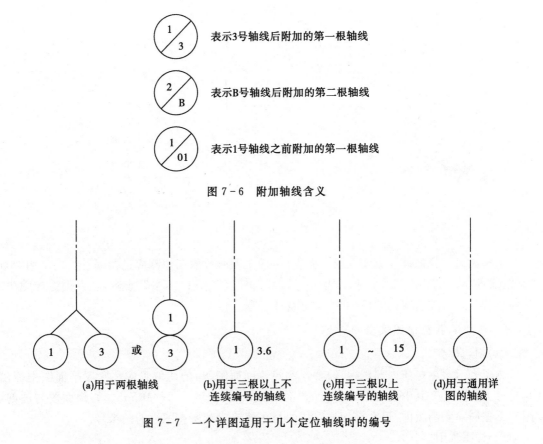

图 7-6　附加轴线含义

(a)用于两根轴线　(b)用于三根以上不　(c)用于三根以上　(d)用于通用详
　　　　　　　　　　连续编号的轴线　　连续编号的轴线　　图的轴线

图 7-7　一个详图适用于几个定位轴线时的编号

3. 平面图的尺寸标注

建筑平面图标注的尺寸有外部尺寸和内部尺寸。

(1)外部尺寸：在水平方向和竖直方向各标注三道。最外一道尺寸标注房屋水平方向总长、总宽，称为总尺寸；中间一道尺寸标注房屋的开间、进深，称为轴线尺寸(注：一般情况下两行墙之间的距离称为"开间"；两纵墙之间的距离称为"进深")；最里边一道尺寸标注房屋外墙的墙段及门窗洞口尺寸，称为细部尺寸。

如果建筑平面图图形对称，宜在图形的左边、下边，标注尺寸，如果图形不对称，则需在图形的各个方向标注尺寸，或在局部不对称的部位标注尺寸。

(2)内部尺寸：应标出各房间长、宽方向的净空尺寸，墙厚及与轴线的关系、柱子截面、房屋内部门窗洞口、门垛等细部尺寸。

4. 标高、门窗编号

标高是房屋高度的另一种尺寸标注形式，其标注由标高符号和标高数值组成，标高符号是以细线绘制的等腰直角三角形，具体画法如图 7-8(a)所示。标高符号的直角尖端指至被注的高度，方向可向上，也可向下。标高数值以米为单位，一般标注到小数点后三位数，零点标高应标注为±0.000，正数标高不标注"＋"，负数标高应标注"－"，如图 7-8(b)所示。标高分为绝对标高和相对标高两种。

平面图中应标注不同楼地面标高房间及室外地坪的标高。

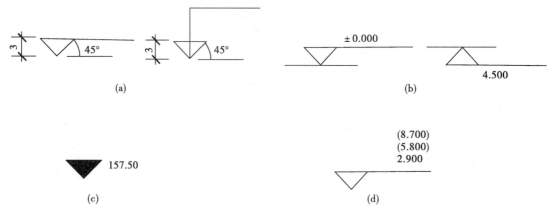

图 7 - 8 标高符号

为编制概预算的统计方便及施工备料,平面图上所有的门窗都应进行编号。门常用"M1""M2"或者"M—1""M—2"等表示,窗常用"C1""C2"或"C—1""C—2"表示,也可用标准图集上的门窗代号来编注门窗,如"X—0924""B.1515"等。

5. 剖切位置及详图索引

(1)剖切位置。

为了表示房屋竖向内部情况,需要绘制建筑剖面图,其剖切位置应在底层平面图中标出,其符号为:"└──┘",其中表示剖切位置的"剖切位置线"长度为6~10mm。如剖面图与被剖切图样不在同一张图纸内,可在剖切位置线的另一侧注明其所在图纸的图纸号。

(2)详图索引。

图样中的某一局部构造或构件,需要另见详图时,应以索引符号注明需要画详图的位置、详图的编号以及详图所在图纸的图纸编号。在所画的详图上,用详图符号表示详图的位置和编号,并用索引符号和详图符号相互之间的对应关系,建立详图与被索引的图样之间的联系,以便相互查阅(具体表示方法详见本章第六节建筑详图)。

六、建筑平面图的识读

现以前述某住宅的底层平面图为例,如图7-9所示,说明建筑平面图所表达的内容、读图的方法和步骤。

1. **图名、比例、朝向**

图名是底层平面图,说明该图是沿底层窗台以上,底层通向上层的楼梯平台之下水平剖切后,在水平投影面上投影所得的剖面图,它反映出这栋住宅层的平面布置、房间大小。

比例采用1:100,这是根据房屋的大小和复杂程度选自《房屋建筑制图统一标准》(GB/T 50001—2001)决定的。

在底层平面图上用指北针表示房屋的朝向。指北针用细实线绘制,圆的直径为24mm,指针尖端指向北,并在指尖端处注"北"字,指针尾部宽度为3mm,由指北针可以看出这幢住宅以及各个房间的朝向。

2. **定位轴线及编号**

由定位轴线及编号可以了解墙、柱的位置和数量。从图中可以看到这幢住宅从左向右按

横向编号的有 15 根定位轴线和 2 根附加定位轴线,从下往上按竖向编号的有 8 根定位轴线和
1 根附加定位轴线。

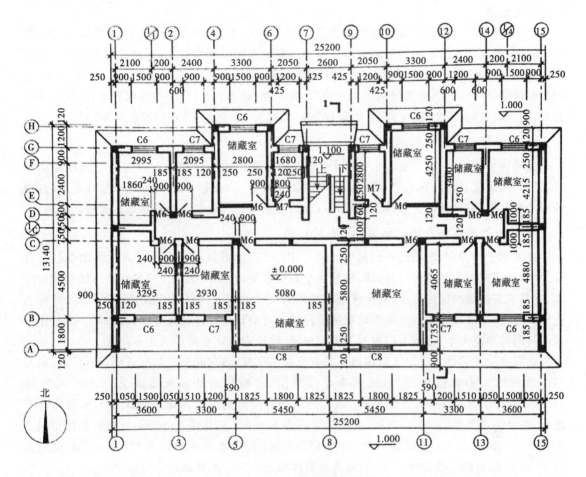

底层平面图　1:100

图 7-9　底层平面图

3. 墙、柱的断面和房间的平面布置

《建筑制图标准》规定,在建筑平面中当比例大于 1:100 时,墙、柱的断面按照建筑材料图
例绘制;当比例为 1:200~1:100 时,墙、柱的断面绘简化的材料图例(砖墙涂红色,钢筋混凝土涂
黑色);当比例小于 1:200 时,墙、柱的材料可不绘材料图例;比例大于 1:50 时,应绘出抹灰层
的面层线;比例等于 1:50 时,抹灰层的面层线应根据需要确定;比例小于 1:50 时,可不绘抹灰
层的面层线。在本书中,为了图形清晰起见,只涂黑了钢筋混凝土的断面,没有涂红砖墙的
断面。

从图中可看到,这幢住宅的底层被分割成若干个房间,每个房间都注明名称,房间的布置
左右对称,在出入口是一楼梯间,两边各有 7 个房间,全都是储藏室。

4. 门窗编号及门窗表

在建筑平面图中,门窗是按规定的比例表示的,其中用两条平行细实线表示窗框及窗扇的

位置,用45°倾斜的中实线表示门及其开启方向,在图例的一侧还要注写门窗的编号,如M1、M2、C1、C2等,其中M是门的代号,C是窗的代号,具有相同编号的门窗,表示它们的构造和尺寸完全相同。

为了便于施工,在首页图或建筑平面图中还有门窗表,表中列出了门窗的编号、名称、数量、尺寸及所选标准图集的编号和内容。至于门窗的细部尺寸和做法,则要看门窗构造详图。

由门窗表可知,这幢住宅的窗户全部采用塑钢窗,编号从C1~C9,共92个。编号为M3的门为塑钢门,共10个,其余编号的门为木质门,有7种,共122个,从图中可以看出,底层有编号为C6、C7的门窗各6个,编号为C8的窗有2个,编号为M6的门12个和编号为M7的门2个。

5. 其他配件和固定设施

在建筑平面图中,除了墙、柱、门窗外,还应画出其他构配件和固定设施的图例和轮廓形状,如阳台、雨篷、楼梯、通风道、厨房和卫生间固定设施、卫生器具等。从图中可以看出,这幢住宅的底层平面图,画出了室外散水和入口处的坡道的轮廓形状以及楼梯间内楼梯的图例。

6. 室内外的有关尺寸,地面、平台的标高

在建筑平面图中,外墙的外侧标注三道尺寸。里外墙最近的一道尺寸表示各细部的位置及大小,如门窗洞的宽度和位置,墙、柱的大小和位置等;在中间的第二道尺寸表示轴线间的距离,它是承重构建的定位尺寸,其中横墙轴线间的尺寸称为开间尺寸,纵墙轴线间的尺寸称为进深尺寸;第三道尺寸表示房屋外轮廓的总尺寸。外墙以内标注的尺寸称为内部尺寸,它用于表示房间的净空大小、内墙上门窗洞宽度和位置、墙厚和固定设施的大小与位置。

由图中标注的尺寸可以了解房屋的总长度和总宽度、各房间的开间和进深、外墙与门窗及室内设施的大小和位置,例如从图中可以看出,这幢住宅的总长度为25.200m,总宽为13.140m,内外墙的宽度均为370mm,最大的两个房间分别为横向定位轴线⑤~⑧和⑧~⑪之间,在纵向定位轴线A~C之间,它们的开间为5.450m,进深为6.300m,该房间的净空尺寸为5.800m,宽5.080m,窗洞宽1.800m,窗洞到两侧定位轴线的距离均为1.825m,门的宽度为0.900m,距最近的定位轴线0.24m,室内地面标高±0.000,室外地面标高1.000。

7. 有关的符号

在底层平面图中,除了应画出指北针外,在需要绘制建筑剖面图的部位,还需要画出剖切符号,在需要另画详图的局部或构件处,画出索引符号,以便与剖面图和详图对照查阅。

从图中可以看出,1-1剖面图的剖切平面是两个相互平行的侧平面,剖切位置通过楼梯间门洞和定位轴线11、13之间的窗洞投射方向向左。

图7-10和图7-11分别是这幢住宅的标准层平面图和七层(阁楼)平面图,它们的表达内容和阅读方法基本上与底层平面图相同。不同的是不必画指北针、剖切符号和底层平面图已表达过的室外地面上的构配件和固定设施,但需要画出这层平面图假想剖切平面以下的、而在下一层平面图中未表达的室外构配件和固定设施,如在标准层平面图中,应画出阳台、雨篷。此外,除标注出定位轴线间的尺寸和总尺寸外,与底层平面图相同的细部尺寸均可省略。

图7-12所示的是这幢住宅的屋顶平面图,比例采用1:100,从图中可以看出,屋顶由坡屋面和平屋面组成,东西两边有挑檐。屋面长度为25.900m,宽度为13.140m。坡屋面上的雨水先排到檐沟,再经雨水管排到地面。平屋面上的雨水沿2%的屋面坡度排到天沟,也经雨水管排到地面。图中还画出了有关的定位轴线和雨水管的位置以及需要用详图表达的局部的索引符号。

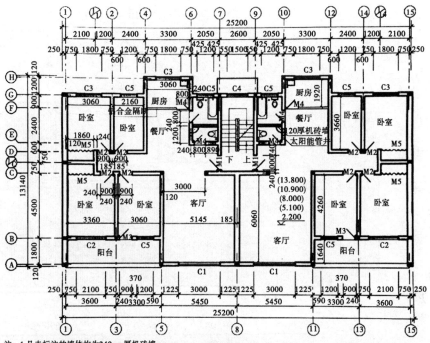

注：1.凡未标注的墙体均为240mm厚机砖墙；
　　2.阳台、厨房、卫生间的标高比同层楼面低20mm；
　　3.雨篷仅在二层设置。

标准层平面图 1:100

图7-10 标准层平面图

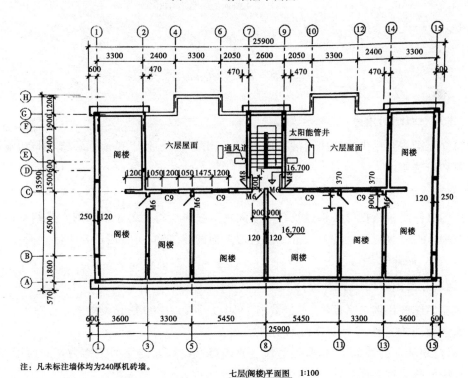

注：凡未标注墙体均为240厚机砖墙。

七层(阁楼)平面图 1:100

图7-11 七层(阁楼)平面图

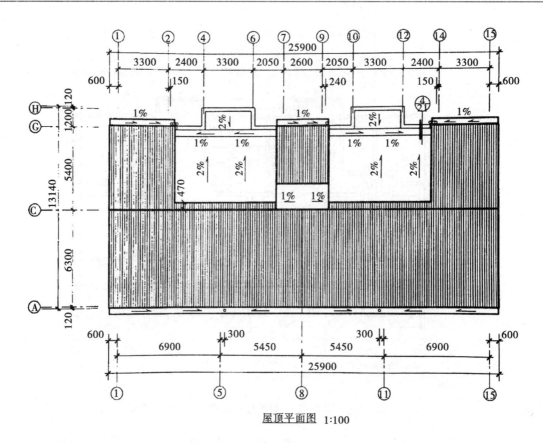

屋顶平面图 1:100

图 7 - 12　屋顶平面图

第四节　建筑立面图

一、建筑立面图的用途

建筑立面图主要用来表达房屋的外部造型、门窗位置及形式、外墙面装修、阳台、雨篷等部分的材料和作法等。

二、建筑立面图的形成

立面图是用直接正投影法将建筑各个墙面进行投影所得到的正投影图。某些平面形状曲折的建筑物,可绘制展开立面图;圆形或多边形平面的建筑物,可分段展开绘制立面图,但均应在图名后加注"展开"二字。

三、建筑立面图的比例及图名

建筑立面图的比例与平面图一致,常用 1:50、1:100、1:200 的比例绘制。

建筑立面图的图名,常用以下三种方式命名:

(1)以建筑墙面的特征命名:常把建筑主要入口所在墙面的立面图称为正立面图,其余几个立面相应的称为背立面图、侧立面图。

(2)以建筑各墙面的朝向来命名,如东立面图、西立面图、南立面图、北立面图。

(3)以建筑两端定位轴线编号来命名,如①～⑩立面图、A～D 立面图等。《房屋建筑制图统一标准》(GB/T 5001—2001)规定:有定位轴线的建筑物,宜根据两端轴线号编注立面图的名称。

四、建筑立面图的图示内容

立面图应根据正投影原理绘出建筑物外墙面上所有门窗、雨篷、檐口、壁柱、窗台、窗楣及底层入口处的台阶、花池等的投影。由于比例较小,立面图上的门、窗等构件也用图例表示。相同的门窗、阳台、外檐装修、构造作法等可在局部重点表示,绘出其完整图形,其余部分可只画轮廓线。

五、建筑立面图制图的有关规定

1. 线型

为使立面图外形更清晰,通常用粗实线表示立面图的最外轮廓线,而凸出墙面的雨篷、阳台、柱子、窗台、窗楣、台阶、花池等投影线用中粗线画出,地平线用加粗线(粗于标准粗度的1.4倍)画出,其余如门、窗及墙面分格线、落水管以及材料符号引出线、说明引出线等用细实线画出。

2. 尺寸标注

(1)竖直方向:应标注建筑物的室内外地坪、门窗洞口上下口、台阶顶面、雨篷、房檐下口、屋面、墙顶等处的标高,并应在竖直方向标注三道尺寸。里边一道尺寸标注房屋的室内外高差、门窗洞口高度、垂直方向窗间墙、窗下墙高、檐口高度等尺寸;中间一道尺寸标注层高尺寸;外边一道尺寸为总高尺寸。

(2)水平方向:立面图水平方向一般不注尺寸,但需要标出立面最外端墙的定位轴线及编号,并在图的下方注写图名、比例。

(3)其他标注:立面图上可在适当位置用文字标注其装修,也可以不注写在立面图中,以保证立面图的完整美观,而在建筑设计说明中列出外墙面的装修。

六、建筑立面图的识读

现以前述某住宅的底层平面图为例,如图 7-14 所示,说明建筑立面图所表达的内容、读图的方法和步骤。

1. 图名和比例

由立面图的图名对照这栋住宅的底层平面图(见图 7-14)可以看出,该图表达的是拥有的立面,也就是将这幢住宅由南向北投射所得的正投影图。建筑立面图通常采用与建筑平面图相同的比例,所以该立面图的比例也是 1:100。

2. 房屋的外貌

建筑立面图反映了房屋立面的造型及构造配件形式、位置以及门窗的开启方向。从图 7-14 可以看出,这幢住宅共七层,最底层是半地下室。二至六层是居住房,且有阳台。第七层有阁楼,各层左右两边对称。由于门窗的立面是按实际情况绘制的,且各类门窗至少有一处画出它们的开启方向线,可知该立面门窗的排列和形式以及窗户全部为外开平开窗,门为内开平开门;在东西两侧阳台和窗户之间的墙面上各有一雨水管与檐沟相连。

3. 标高尺寸

在建筑立面上,应标注外墙上各主要构配件的标高,如室外标高、台阶、门窗洞、雨篷、阳台、屋顶、墙面上的引条线等。若外墙上有预留孔洞,除标注标高外,还应标注出其他的定形尺寸和定位尺寸。为方便读图常将各层相同构造的标高注写在一起,排列在同一铅垂线上。如图 7-13 所示,左侧注写了室外地面、各层阳台底面和阳台栏板顶面坡屋面的檐口线和屋脊线的标高;右侧注写了室外地面、各层窗洞的顶面和底面、檐口线和坡屋面屋脊线的标高。

需要指出的是,在立面图上标注标高时,除门窗洞顶面和底面的标高都不包括抹灰层外,其他构配件的上顶面标高是包括抹灰层在内的装饰完成后的标高,又称为建筑标高,如阳台栏板顶面等,而构配件下底面的标高是不包括抹灰层在内的结构底面标高,又称为结构标高,如阳台底面等。

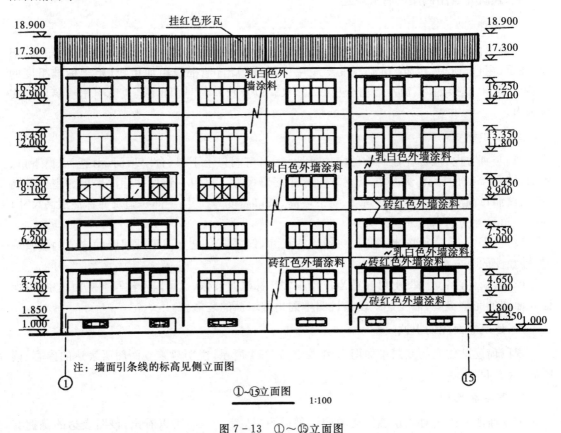

注:墙面引条线的标高见侧立面图

①~⑮立面图 1:100

图 7-13 ①~⑮立面图

4. 外墙面的装修材料、色彩和作法

在建筑立面图中,外墙面的装修常用指引线作出文字说明,从图 7-13 中可以看出,该立面被引条线沿高度方向分成六块,下面两块为砖红色外墙涂料,上面四块为乳白色外墙涂料,阳台的上下沿均为砖红色外墙涂料。

5. 索引符号

在建筑立面图中需要索引出详图的位置时,应加索引符号。

图 7-14、图 7-15 分别是这幢住宅的⑮~①立面图、⑪~Ⓐ立面图。由于这幢住宅的两个侧立面彼此对称,所以Ⓐ~⑪立面图与⑪~Ⓐ立面图表达的内容相同,只不过在图形中左右相互对调,因此其中一个可以省略不画。

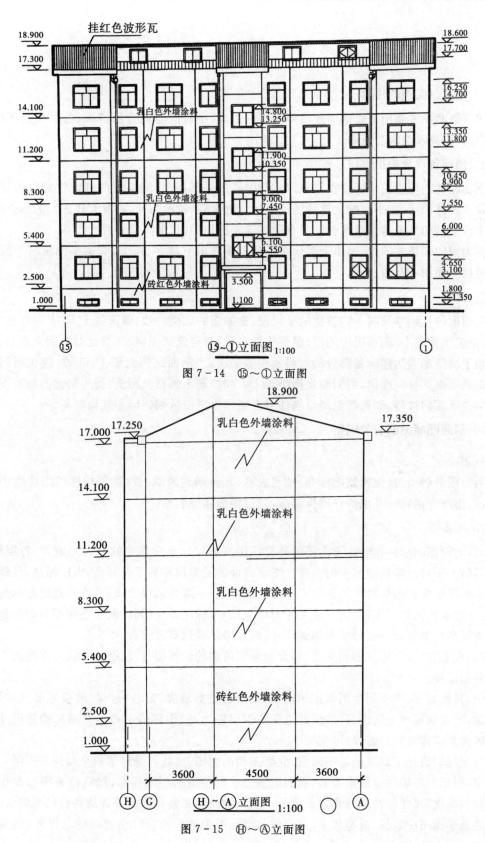

图 7-14　⑮~①立面图

图 7-15　Ⓗ~Ⓐ立面图

第五节　建筑剖面图

一、建筑剖面图的用途

建筑剖面图主要用来表达房屋内部的结构形式、沿高度方向分层情况、各层构造作法、门窗洞口高、层高及建筑总高等。

二、剖切位置及剖视方向

剖面图的剖切位置是标注在同一建筑物的底层平面图上,剖面图的剖切位置应根据图纸的用途或设计深度,在平面图上选择能反映建筑物全貌、构造特征、以及有代表性的部位剖切,实际工程中剖切位置常选择在楼梯间并通过需要剖切的门、窗洞口位置。

剖面图的剖视方向:平面图上剖切符号的剖视方向宜向左、向上,看剖面图应与平面图结合并对照立面图一起看。

三、比例

剖面图的比例常与同一建筑物的平面图、立面图的比例一致,即采用 1:50、1:100 和 1:200 绘制,由于比例较小,剖面图中的门、窗等构件也采用《建筑制图标准》规定的图例来表示。

为了清楚地表达建筑各部分的材料及构造层次,当剖面比例大于 1:50 时,应在剖到的构件断面处画出其材料图例,当剖面比例小于 1:50 时,则不画材料图例,而用简化的材料图例表示其构件断面的材料,如钢筋混凝土构件可在断面涂黑以区别砖墙和其他材料。

四、剖面图制图的有关规定

1. 线型

剖面图的线型按《建筑制图标准》规定表示,凡是剖到的墙、板、梁等构件的剖切线用粗实线表示,而没有剖到的其他构件的投影线,则常用细实线表示。

2. 标注

(1)剖面图的标注在竖直方向图形外部标注三道尺寸及建筑物的室内外地坪、各层楼面、门窗洞的上下口及墙顶等部位的标高。图形内部的梁等构件的下口标高,也应标注,且楼地面的标高应尽量标在图形内。外部的三道尺寸线,最外一道为总尺寸线,从室外地坪起标到墙顶止,标注建筑物的总高度;中间一道尺寸为层高尺寸,标注各层层高(两层之间楼地面的垂直距离称为层高);最里面一道尺寸为细部尺寸,标注墙端及洞口尺寸。

(2)水平方向,常标注剖到的墙、柱及剖面图两端的轴线编号及轴线距离,并在图的下方注写图名和比例。

(3)其他标注:由于剖面图例比例较小,某些部位如墙脚、窗台、过梁、墙顶等节点,不能详细表达,可在剖面图上的该部位处,画上详图索引标志,另用详图来表示其细部构造尺寸。此外楼地面及墙体的内外装修,可用文字分层标注。

以上我们讲述了建筑的总平面图、立面图和剖面图,这些都是建筑物全局性的图纸。在这些图中,图示的精确性是很重要的,我们应该力求贯彻国家制图标准,严格按制图标准规定绘制图样。其次,尺寸标注也是非常重要的,应力求准确、完整、清楚,并弄清各种尺寸的含义。

建筑平面图中总长、总宽尺寸,立面图与剖面图中的总高尺寸为建筑的总尺寸;建筑平面图中的轴线尺寸,立面图、剖面图中的层高尺寸为建筑的定位尺寸;建筑平面图、立面图、剖面图及后面要介绍的建筑详图中的细部尺寸为建筑的定量尺寸,也称定形尺寸,某些细部尺寸同时也是定位尺寸。

另外,每一种建筑构配件,都有三种尺寸,即标志尺寸、构造尺寸和实际尺寸。标志尺寸又称设计尺寸,是在进行设计时采用的尺寸。如构配件长、宽等。构造尺寸是具体在制作构件时采用的尺寸,由于建筑构配件的表面较粗糙,考虑到施工时各个构件之间的安装搭接方便,构件在制作时便要考虑两构件搭接时的施工缝隙,故"构造尺寸=标志尺寸-缝宽"。实际尺寸是建筑构配件制作完成后的实际尺寸,由于制作时存在误差,故"实际尺寸=构造尺寸±允许误差值"。

五、建筑剖面图的识读

现以前面某住宅的1-1剖面图为例,如图7-16所示,说明建筑剖面图所表达的内容、阅读方法和步骤。

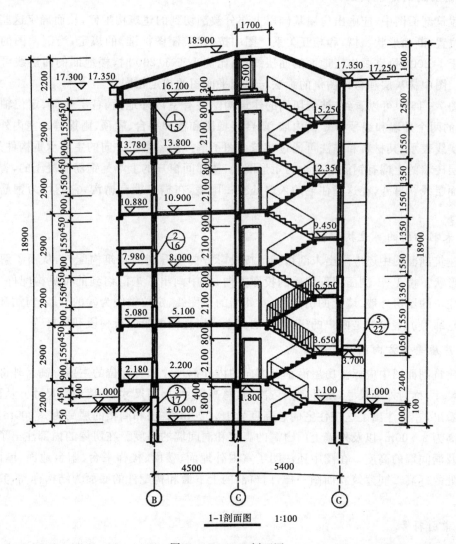

图7-16 1-1剖面图

1. 图名、比例和定位轴线

图名是 1-1 剖面图，由此编号可在这幢住宅的底层平面图（见图 7-9）中找到编号是 1 的剖切符号。根据其剖切位置可知，1-1 剖面图是用两个相互平行的平面剖切的，即通过楼梯间到分户门处转折 90°，进入右边住户，再转折 90°，通过定位轴线⑪和⑬的房间和阳台剖开整个住宅，然后向左投射所得到的剖面图。对照这幢住宅的标准层平面图和七层平面图（见图 7-10、图 7-11）可以看出，通过楼梯间的剖切平面都是剖切在下一层到上一层楼面的第一上行梯段处，另一剖切平面都是剖切在右边住户有通向阳台门的卧室，并通过该房间的窗户。

建筑剖面图通常视房屋的大小和复杂程度选用与建筑平面图相同或较大一些的比例。1-1 剖面图的比例是 1:100。

在建筑剖面图中，凡是被剖切到的墙、柱都要画出定位轴线并标注定位轴线间的距离，以便与建筑平面图对照阅读。

2. 剖切到的建筑构配件

在建筑剖面图中，应画出房屋基础以上部分被剖切到的建筑构配件，从而确定这些建筑构配件的位置、断面形状、材料和相互关系。图中按《建筑制图标准》的规定，当剖面图的比例大于或等于 1:200 时，宜画出楼地面的面层线；当比例小于 1:200 时，楼地面的面层线可根据需要而定。图中抹灰层和材料图例的画法与建筑平面图的规定相同。

从图 7-16 中可以看到，被剖切到的建筑构配件有室内外地面、各层楼面、定位轴线编号为 B、G 的两个外墙和编号为 C 的内墙、阳台楼梯段和楼梯平台、屋顶、雨篷等。室内外地面用一条粗实线表示，其材料和作法可通过建筑详图了解。房屋垂直方向的主要承重构件是砖墙，每一楼层砖墙的上端有钢筋混凝土的矩形圈梁，楼梯间窗户的上端是钢筋混凝土的，省略了梯段上的面层线。另外，在这幢住宅的入口处有一雨篷，在檐口处有檐沟，它们均为钢筋混凝土槽形板。

3. 未剖切到的可见构配件

在建筑剖面图中还应画出未剖切到但按投影方向能看到的建筑构配件，从而了解它们的位置和形状。按 1-1 剖面图剖切后的投影方向，图中画出了未剖切到的可见构配件，室外的有西边住户的厨房外墙、墙上的引条线、女儿墙的顶面线、定位轴线为Ⓐ的外墙、窗洞和阳台西侧的外轮廓等。室内的是西户的门、下一层到上一层楼面的第二行梯段和栏杆等。

4. 房屋垂直方向的尺寸及标高

在建筑剖面图中应标注房屋沿垂直方向的内外部尺寸和各部位的主要标高。外部通常标注三道尺寸，称为外部尺寸，从外到内依次为：总高尺寸、层高尺寸、外墙细部尺寸。从图 7-16 中可以看出，左边注出了这幢住宅的总高度为 18.900m，底层和阁楼的层高为 2.200m，二至五层的层高为 2.900m，以及外墙上门窗洞的高度和洞间墙的高度。在房屋的内部注出了内门洞的高度及洞间墙的高度。在图中还注明了室内外地面、楼面、楼梯平台、阳台地面、屋面、雨篷底面等处的标高。同建筑立面图一样，门窗洞的上下面和构件的底面为结构标高，其余为建筑标高。

5. 索引符号

在建筑剖面图中，凡需绘制详图的部位均应画上详图索引符号。从图中可以看出，在定位轴线编号为⑧的墙上有详图编号为1、2、3的三个详图符号,在住宅入口处有一详图编号为5的详图索引符号。此处可从后文中的图7-20、图7-21、图7-22中了解这四处的详细构造和作法。

第六节　建筑详图

房屋建筑平面图、立面图、剖面图都是用较小的比例绘制的,主要表达建筑的全局性内容,但对于房屋细部或构、配件的形状、构造关系等无法表达清楚,因此,在实际工作中,为详细表达建筑节点及建筑构配件形状、材料、尺寸及作法,而用较大的比例画出的图形,称为建筑详图或大样图。

(1)详图的比例。《建筑制图标准》规定:详图的比例宜用1:1、1:2、1:5、1:10、1:20、1:50绘制,必要时,也可以选用1:3、1:4、1:25、1:30、1:40等比例。

(2)详图的数量。一套施工图中,建筑详图的数量视建筑工程的体量大小及难易程度而决定。常用的详图有:外墙身详图、楼梯间详图、卫生间详图、厨房详图、门窗详图、阳台详图、雨篷详图等。由于各地区都编有标准图集,故在实际工程中,有的详图可以直接查阅标准图集。

(3)详图标志及详图索引标志。为了方便看图,常采用详图标志及详图索引标志。详图标志(又称详图符号)画在详图的下方;详图索引标志(又称索引符号)则表示建筑平面图、立面图、剖面图中某个部位需要另画详图表示,故详图索引标志是标注在需要画出详图的位置附近,并用引出线引出。

图7-17为详图索引标志。其水平直径线及符号圆圈均以细实线绘制,圆的直径为10mm,水平直径线将圆分为上下两半,上方注写详图编号,下方注写详图所在图纸编号(见图7-17(b)),如详图绘在本章图纸上,则仅用细实线在索引标志的下半圆内画一段水平细实线即可(见图7-17(a)),如索引的详图是采用标准图,应在索引标志水平直径的延长线上加注标准图集的编号(见图7-17(c))。索引标志的引出线宜采用水平方向的直线或与水平方向成30度、45度、60度、90度的直线,或经上述角度再折为水平的折线。文字说明宜注写在引出线横线的上方,引出线应对准索引符号的圆心。

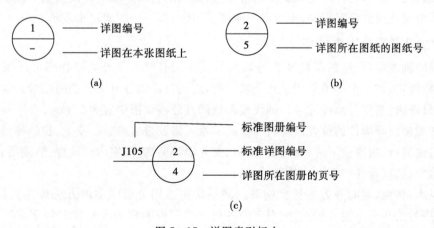

(a)　　　　　　　　　　　　　(b)

(c)

图7-17　详图索引标志

图 7-18 为用于索引剖面详图的索引标志。详图的索引标志应在被剖切的部位绘制剖切位置线,并以引出线引出索引标志,引出线所在一侧应视为剖视方向。

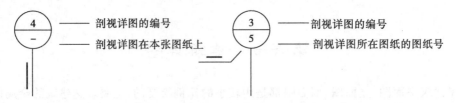

图 7-18 用于索引剖面详图的索引标志

详图的位置和编号,应以详图符号表示。详图标志应以粗实线绘制,直径为 14mm。详图与被索引的图样同在一张图纸内时,应在详图标志内用阿拉伯数字注明详图的编号(见图 7-19(a))。详图与被索引的图样,如不在同一张纸内时,也可以用细实线在详图标志内划一水平直径,上半圆中注明详图编号,下半圆内注明被索引图纸的图纸编号(见图 7-19(b))。

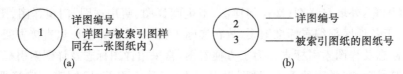

图 7-19 详图标志

一、外墙身详图

外墙身详图即房屋建筑剖面详图,主要用以表达外墙的墙脚、窗台、过梁、墙顶以及外墙与室内外地坪,外墙与楼面、屋面的连接关系等内容。

外墙身详图可根据底层平面图中,外墙身剖切位置线的位置和投影方向来绘制,也可根据房屋剖面图中,外墙身上索引符号所指示需要出详图的节点来绘制。

外墙身详图常用 1:20 的比例绘制,线型同剖面图,详细地表明外墙身从防潮层至墙顶间各主要节点的构造。为节约图纸和表达简洁完整,常在门窗洞口上下口中间断开,成为几个节点详图的组合。有时,还可以不画整个墙身详图,而只把各个节点的详图分别单独绘制。多层房屋中,若中间几层的情况相同,也可以只画底层、顶层和一个中间层来表示。

1. 外墙身详图的主要内容

(1)墙的轴线编号、墙的厚度及其与轴线的关系。有时一个外墙身详图可适用于几个轴线。按国标规定:如一个详图适用于几个轴线时,应同时注明各有关轴线的编号。通用详图的定位轴线只画圆,不注写轴线编号。轴线端部圆圈直径在详图中宜为 10mm。

(2)各层楼板等构件的位置及其与墙身的关系。诸如进墙、靠墙、支承、拉结等情况。

(3)门窗洞口、底层窗下墙、窗间墙、檐口、女儿墙等的高度;室内外地坪、防潮层、门窗洞的上下口、檐口、墙顶及各层楼面、屋面的标高。

(4)屋面、楼面、地面等为多层次构造。多层次构造用分层说明的方法标注其构造做法。多层次构造的公共引出线,应通过被引出的各层。文字说明宜用 5 号或 7 号字注写在横线的上方或横线的端部,说明的顺序由上至下,并应与被说明的层次相互一致。如层次为横向排列,则由上至下的说明顺序应由左至右的层次互相一致。

(5)立面装修和墙身防水、防潮要求,及墙体各部位的线脚、窗台、窗楣、檐口、勒脚、散水等的尺寸、材料和做法,或用引出线说明,或用索引符号引出另画详图表示。

外墙身详图的±0.000或防潮层以下的基础以结施图中的基础图为准。屋面、楼面、地面、散水、勒脚等和内外墙面装修的做法、尺寸应和建施图首页中的统一构造说明相对照。

2.外墙身详图的识读

现以上述教工住宅的1-1剖面图(见图7-16)中索引过来的三个节点详图为例(如图7-20、图7-21、图7-22所示),来说明外墙身详图所表达的内容、读图的方法和步骤。

编号为1的详图是屋顶节点,如图7-20所示,它表明屋顶、顶层窗过梁等的构造和做法。从图中可以看到,屋面和顶层(阁楼)楼面的构造和做法采用多层构造说明的方式,表面屋面的承重层是100mm厚的现浇钢筋混凝土板,以及板上找平层、防水层等的做法;顶层楼面的承重层是120mm厚的预应力钢筋混凝土多孔板,由图中表达的钢筋混凝土多孔板的横断面可知,板的长度方向与纵墙平行,即多孔板搁置在两端的横墙上,以及板上各层的厚度、材料和做法;图中还表明了檐沟、阳台上面的过梁、窗顶的圈梁都是钢筋混凝土构件,其中檐沟板与圈梁、屋面板合浇筑为一个整体,然后在外墙面做保温层,再朝外墙涂料,在内墙面用混合砂浆抹面,再刷内墙仿瓷涂料。

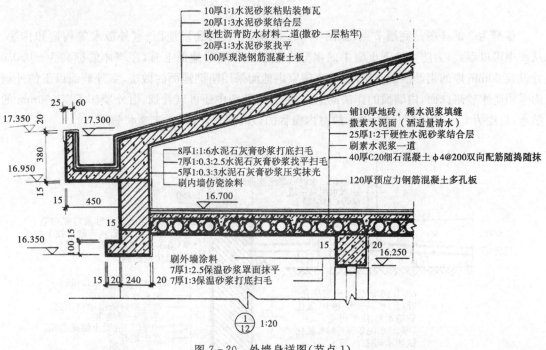

图7-20 外墙身详图(节点1)

编号为2的评图是中间节点,如图7-21所示,它表明二至六层的阳台、窗台、窗顶、楼面以及室内、外墙面的构造和作法。从图中可以看到,阳台的地面和栏板都现浇混凝土板,与阳台地面下面的过梁、窗顶上的圈梁浇筑为一个整体,阳台地面和楼面的做法均采用多层构造说明的方式,中间各层楼面、内外墙面的构造和做法同顶层节点;从图中还可以看到,窗台和窗顶的做法是外窗台顶面和底面都用抹灰层做成一定的排水坡度,内窗台是水平上加白色水磨石面板;图中还表明踢脚板的尺寸和作法。

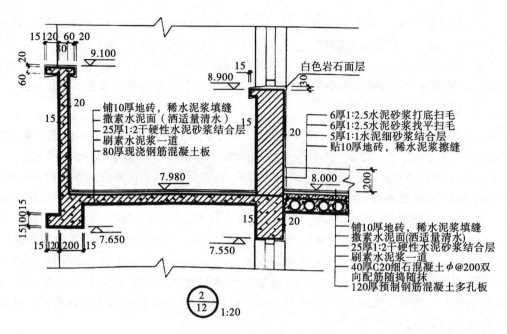

图 7-21　外墙身详图（节点 2）

编号为 3 的详图是底层节点，如图 7-22 所示，它表明底层地面、室外散水等构造和作法。从图中可以看到，为防止地下土壤中的水分沿基层墙和底层地面上升，在墙体的标高为 -0.050 处设置 60mm 厚的钢筋混凝土防潮层、底层室内地面采用防潮地面的做法，室外地面以下的外墙面采用防水砂浆抹面，内墙面的作法同上面各节点；从图中还可以看到，沿外墙作了宽 900mm 的散水，坡度为 5‰，因底层是储藏室，故室内窗台的做法同室外，但要抹成水平面。

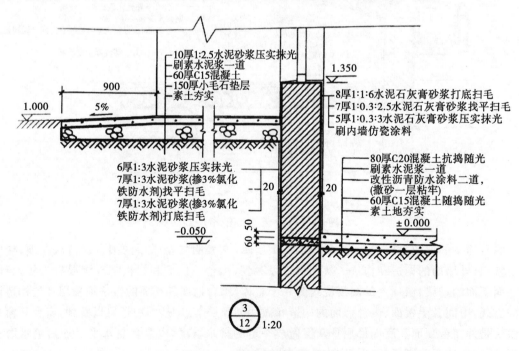

图 7-22　外墙身详图（节点 3）

二、楼梯详图

楼梯是楼层建筑垂直交通的必要设施。楼梯由梯段、平台和栏杆(或栏板)扶手组成。常见的楼梯平面形式有:单跑楼梯、双跑楼梯、三跑楼梯等。

(1)单跑楼梯:上下两层之间只有一个梯段;适用于层高较低、楼梯间开间小而进度大的建筑。

(2)双跑楼梯:上下两层之间有两个梯段、一个中间平台的楼梯形式。双跑楼梯是一般工业与民用建筑中用的最多的一种楼梯形式,根据需要可做成等跑或不等跑的形式。

(3)三跑楼梯:上下两层之间有三个梯段、两个中间平台的楼梯形式;适用于层高较高、楼梯间开间较大而进深较小的建筑。

楼梯梯段的长度根据设计规范的规定,最多不超过 18 级,最少不少于 3 级。

楼梯间详图包括楼梯间平面图、楼梯剖面图、踏步、栏杆等详图,主要表示楼梯的类型、结构形式、构造和装修等。楼梯间详图应尽量安排在同一张图纸上,以便阅读。

1. 楼梯平面图

(1)楼梯平面图概述。

楼梯平面图常用 1:50 的比例画出。

楼梯平面图的水平剖切位置,除顶层在安全栏板(或栏杆)上外,其余各层均在上行第一跑梯段中间。各层被剖切到的上行第一跑梯段,都在楼梯平面图中画一条与梯面线成 30 度的折断线(构成梯段的踏步中与楼地面平行的面称为踏面,与楼地面垂直的面称为踢面)。各层下行梯段不予剖切。而楼梯间平面图则为房屋各层水平剖切后的直接正投影,如同建筑平面图,假如中间几层构造一致,也可只画一个标准层平面图。故楼梯平面详图常常只画出底层、中间层和顶层三个平面图。

各层楼梯平面图宜上下对齐(或左右对齐),这样既便于阅读又利于尺寸标注和省略重复尺寸。平面图上应标注各楼梯间的轴线编号、开间和进深尺寸,楼地面和中间平台的标高,以及梯段长、平台宽等细部尺寸。梯段长度尺寸标注为:踏面数×踏面宽=梯段长。

标准层平面图中的踏步,上下两梯段都画成完整的。上行梯段中间画有一根与踢面线成 30°的折断线。折断线两侧的上下指引线箭头是相对的,在箭尾处分别写有"上 10 级"和"下 10 级",是指从本层上到上一层或本层下到下一层的踏步级数均为 10 级。

顶层平面图的踏面是完整的。因只有下行,故梯段没有折断线。楼面临空的一侧装有水平栏杆。

(2)楼梯平面图的识读。

现以上述某住宅的楼梯平面图为例(如图 7-23 所示),来说明楼梯平面图所表达的内容、读图的方法和步骤。

在底层平面图中,画出了到折断线为止的上行的第一梯段,箭头表示上行方向,注明往上走 14 个步级到达二层楼面;在二层平面图中,折断线的一边是该层的上行第一梯段,注明往上走 18 个步级到达三层楼面,而折断线的另一边是该层的下行第二梯段,在该平面中,还画出了未剖切到的该层下行第一梯段和楼梯进口处地面,并用箭头表示下行方向,注明往下走 14 个步级到达底层地面;三至六层的楼梯位置以及楼梯段数、步级数和大小完全相同,采用一个标准层平面图表示;在顶层平面图中,由于水平剖切面剖切不到楼梯段,图中画出的是从顶层下行到六层楼面的两个完整的楼梯段和楼梯段间的楼梯平台。从图中还可以看到,楼梯段上的栏杆和扶手到达顶层后,就在这个位置处转弯,沿楼面边缘继续做栏杆和扶手,一直到墙壁为止。

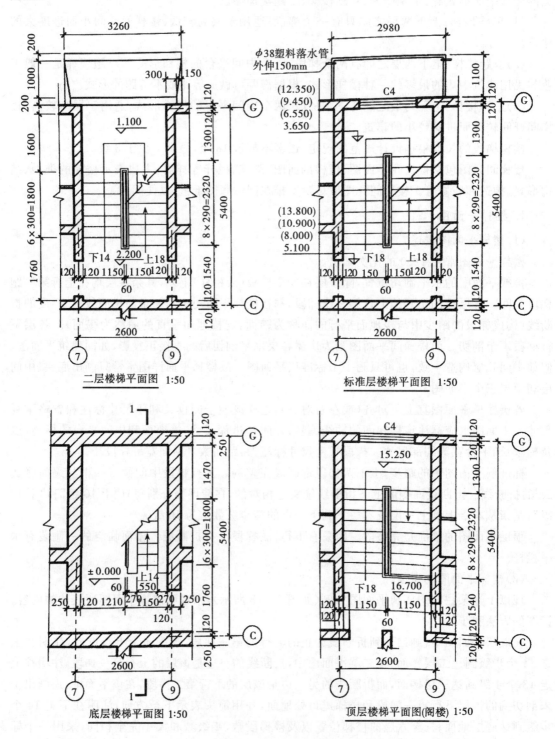

图 7-23 楼梯的平面图

在楼梯平面图中,除标注出楼梯间的定位轴线和定位轴线间的尺寸及楼面、地面和楼梯平台的标高外,还要标注出各细部的详细尺寸,通常把楼梯段的长度尺寸与踏面数、踏面宽的尺寸合并写在一起,如底层平面中的 $6 \times 300 = 1800$,表示该楼梯段设有六个踏面,每个踏面宽300mm,楼梯段的长度为1800mm。

除楼梯间外,图中还画出了住宅入口处的室外地面、门上的雨篷等,并标注了有关的尺寸。从图中可以看出,雨篷的长为2980mm,宽为1100mm,在东西两侧各有一直径38mm的塑料落水管,外伸150mm。

2. 楼梯剖面图

(1)楼梯剖面图概述。

楼梯剖面图是楼梯间的垂直剖面图,即假想用一个铅垂的剖切平面,通过各层的一个楼梯段,将楼梯间剖开,向没有被剖切到的楼梯段方向投射所得的图样,其剖切符号画在楼梯底层平面图中。

楼梯剖面图常用1:50的比例画出。其剖面切位置应选择在通过第一跑梯段及门窗洞口,并向未剖到的第二跑梯段方向投影。

剖到梯段的步级数可直接看到,未剖到梯段的步级数因栏板遮挡或因梯段为暗步梁板式等原因而不可见时,可用虚线表示,也可直接从其高度尺寸上看出该梯段的步级数。

多层或高层建筑的楼梯间剖面图,如中间若干层构造一样,可用一层表示这相同的若干层剖面,从此层的楼面和平台面的标高可看出所代表的若干层情况。

(2)楼梯剖面图的标注。

①水平方向应标注被剖切到墙的轴线编号、轴线尺寸及中间平台宽、梯段长等细部尺寸。

②竖直方向应标注被剖切到墙的墙段、门窗洞口尺寸及梯段高度、层高尺寸。梯段高度应标成:步级数×踢面高=梯段高。

③标高及详图索引:楼梯间剖面图上应标出各层楼面、地面、平台面及平台梁下口的标高。如需画出踏步、扶手等的详图,则应标出其详图索引符号和其他尺寸,如栏杆(或栏板)高度等。

(3)楼梯剖面图的识读。

图7-24是按楼梯底层平面图(见图7-23)中的剖切位置和投射方向画出的,每层的上行第一楼梯是被剖切到的,而上行第二楼梯段未被剖切到。习惯上,若楼梯间的屋面没有特殊之处,一般可不画。这个楼梯剖面图画出了除屋面之外各层的楼梯段和楼梯平台,从图中可以看出,每层有两个楼梯段(称为双跑式楼梯),楼梯段是现浇钢筋混凝土板式楼梯,与楼面、楼梯平台的钢筋混凝土现浇板浇筑成一个整体。从图中还可以看到住宅进口门上方的雨篷及室外的坡道和未被剖切到而可见的西边住户厨房凸出处的墙面(包括墙面上的引条线)。

在楼梯剖面图中,应注明地面、楼面、楼梯平台等的标高。通常把楼梯段的高度尺寸与踢面数、踢面高的尺寸合并写在一起,如图中底层上行第一梯段处的 $7 \times 157.1 \approx 1100$,表示该楼梯段有7个踢面,每个踢面高157.1mm,楼梯段的高度为1100mm。

从图中的索引符号可知,楼梯栏杆、扶手、踏步面层和楼梯节点的构造另有详图,要用更大的比例表达它们的细部构造、大小、材料、作法等情况。

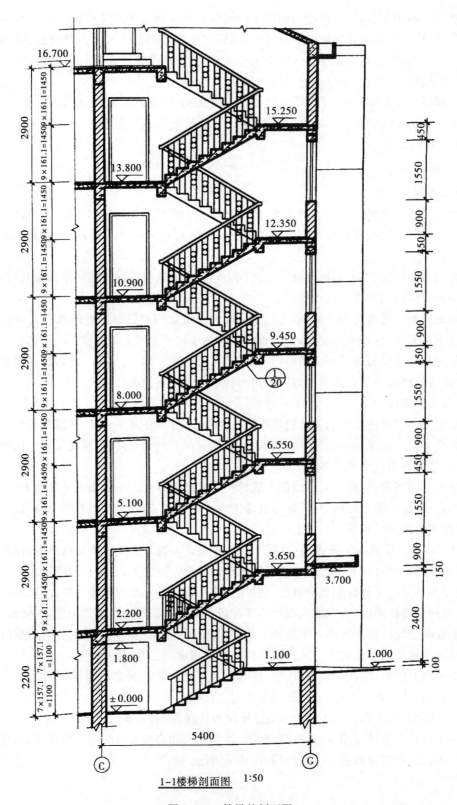

1-1楼梯剖面图   1:50

图 7-24　楼梯的剖面图

3. 楼梯节点详图

编号为 1 的楼梯节点详图是从图 1-1 楼梯剖面图(见图 7-24)索引过来的,如图 7-25 所示。

楼梯节点详图表明了楼梯段、楼梯平台、栏杆等的构造、细部尺寸和作法。从图中可以看出,楼梯段是现浇钢筋混凝土板式楼梯,楼梯平台是 80 厚现浇钢筋混凝土板,楼梯段、楼梯梁和楼梯平台浇筑为一体,它们的面层采用 20 厚水泥砂浆找平层,其上粘贴 15 厚磨光花岗岩板饰面。栏杆由边长为 18mm、10mm 的方钢焊成,其定位尺寸和高度如图 7-25 所示。在这个详图的扶手处有一编号为 2 的索引符号,表明在本张图纸上有编号为 2 的扶手断面详图。从2 号详图中,可以看出扶手的断面形状、尺寸、材料以及与栏杆的连接情况。

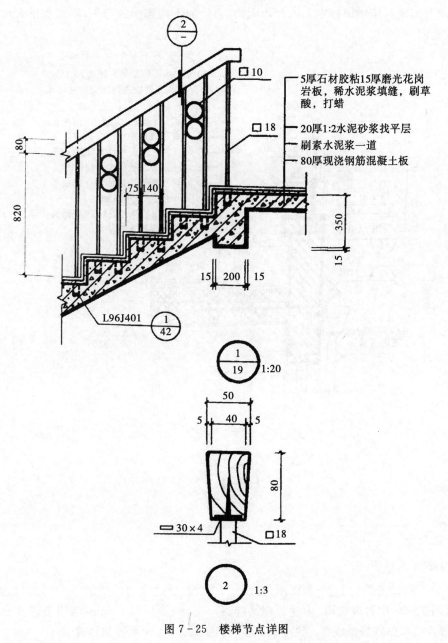

图 7-25　楼梯节点详图

三、其他建筑详图示例

1. 女儿墙节点剖面详图

图 7-26 是从屋顶平面图(见图 7-12)中索引过来的编号为 4 的节点详图。从图 7-12 中可以看出,它是在定位轴线 12、14 之间的窗洞处剖切后,向右投射所得的剖面图,它表明了平屋面、女儿墙、屋顶防护栏杆等的构造尺寸和做法。从图 7-26 中可以看出,平屋面为 100 厚现浇钢筋混凝土板,并与阁楼上部的圈梁浇筑为一体,屋面板的上面采用材料找坡,排水坡度 2%,并做有保温层和防水层。砖砌女儿墙的上端是钢筋混凝土压顶,为满足上人屋面的防护要求,在女儿墙上用直径 18mm 的钢筋做成间距 120mm 的防护栏杆。从图 7-26 中还可以看出,屋面上的雨水按屋面排水方向流入天沟,再经与天沟连接的弯头,将雨水排入水斗,经雨水管排到地面。

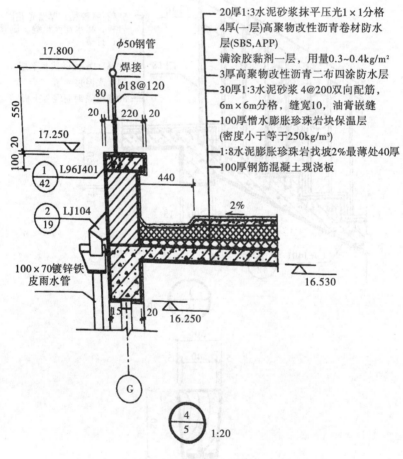

图 7-26 女儿墙节点详图

2. 雨篷节点详图

编号为 5 的详图是从 1-1 剖面图(见图 7-16)索引过来的雨篷的节点详图,如图 7-27 所示。从图 7-27 中可以看出,雨篷为钢筋混凝土槽形板,板厚 80mm,四周板厚 60mm,面层先用 15 厚 1∶3 水泥砂浆做成 2% 的排水坡度,再用 5 厚 1∶2 水泥砂浆压光。

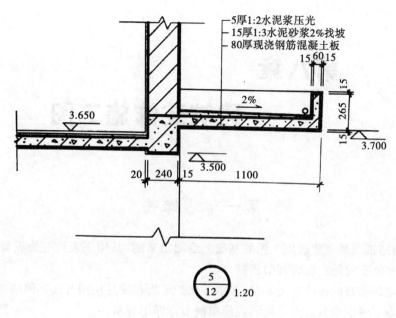

图 7 - 27 雨篷节点详图

3. 卫生间详图

卫生间详图主要表达卫生间内各种设备的位置、形状及安装做法等。卫生间详图有平面详图、全剖面详图、局部剖面详图、设备详图、截面图等。其中,平面详图是必要的,其他详图根据具体情况选取采用,只要能将所有情况表达清楚即可。

卫生间平面详图是将建筑平面图中的卫生间用较大比例,如 1∶50、1∶40、1∶30 等,把卫生设备一并详细地画出的平面图。它表达出各种卫生设备在卫生间内的布置、形状和大小。

卫生间平面详图的线型与建筑平面图相同,各种设备可见的投影线用细实线表示,必要的不可见线用细虚线表示。当比例不大于 1∶50 时,其设备按图例表示;当比例大于 1∶50 时,其设备应按实际情况绘制。假如各层的卫生间布置完全相同,则只画其中一层的卫生间即可。

卫生间平面详图除标注墙身轴线编号、轴线间距和卫生间的开间、进深尺寸外,还要注出各卫生设备的定量、定位尺寸和其他必要的尺寸,以及各地面的标高等,平面图上还应标注剖切线位置、投影方向及各设备详图的详图索引标志等。

卫生间其他详图的表达方式、尺寸标注等,都与前面所述详图大致相同,在此不再介绍。

思考题

1. 建筑剖面图和建筑断面图在表达内容和表达方式上各有什么相同和不同?
2. 在什么情况下采用标准层平面体?
3. 建筑平面体上应标注哪些尺寸和标高?
4. 怎样确定建筑剖面图的剖切位置和数量?

第八章

建筑装饰施工图

第一节　概述

　　建筑装饰施工图是在建筑施工图的基础上绘制出来的,是用来表达装饰设计意图的主要图纸,是建筑装饰工程施工和管理的依据。

　　在过去,建筑装修的做法较为简单,多限于保护结构和满足使用者最起码的功能要求的标准上,在建筑施工图中也只以文字说明或简单的节点详图表示。

　　随着新材料、新技术、新工艺的不断发展和人民生活水平的不断提高,今天人们对室内外环境质量的要求越来越高。建筑装饰设计顺应社会发展的需要,内容也日趋丰富多彩、复杂细腻,仅用建筑施工图已难以表达清楚复杂的装饰要求,于是出现了"建筑装饰施工图"(简称装饰图),以便表达建筑丰富的造型构思、材料及工艺要求,并指导装饰工程的施工及管理。

　　装饰施工图的图示原理与建筑施工图完全一样,都采用正投影的方法。由于目前国内还没有制定统一的装饰制图标准,它主要是套用建筑制图标准来绘制的。装饰施工图可以看成是建筑施工图中的某些内容省略后加入有关装饰施工内容而成的一种施工图。它们在表达内容上各有侧重,装饰施工图侧重反映装饰件(面)的材料和规格、构造作法、饰面颜色、尺寸标高、施工工艺以及装饰件(面)与建筑构件的位置关系和连接方法等。建筑施工图则着重表达建筑结构形式、建筑构造、材料与作法。

　　建筑装饰设计需经方案设计和施工图设计两个阶段。方案设计阶段是根据甲方的要求、现场情况及有关规范、设计原则等,绘出一组或多组装饰方案图,主要包括平面布置图、立面布置图、透视图、文字说明等;经修改、补充,取得较合理的方案后进入施工图设计阶段。装饰施工图一般包括装饰平面布置图、地面装饰平面图、顶棚平面图、装饰立面图、装饰剖面图,以及表达装饰构件某个具体部位详细构造做法的装饰详图等。

第二节　建筑装饰平面图

　　平面布置图是装饰施工图中的主要图样,它是根据装饰设计原理、人体工学以及用户的要求画出的用于反映建筑平面布局、装饰空间及功能区域的划分、家具设备的布置、绿化及陈设的布局等内容的图样,是确定装饰空间平面尺度及装饰形体定位的主要依据。建筑装饰平面图一般包括平面布置图和顶棚平面图,若地面装饰较复杂,还需另绘地面装饰平面图。

　　平面布置图的比例一般采用1:100、1:50,内容比较少时采用1:200。剖切到的墙、柱等结构体的轮廓用粗实线表示,其他内容均用细实线表示。

一、平面布置图(简称平面图)

1. 图示方法

平面布置图是假想用一个水平的剖切平面,将建筑物通过门、窗洞的位置切开,移去上面部分,所得到的水平正投影图。它用以表明室内总体布局以及各装饰件、装饰面的平面形式、大小、位置情况及其与建筑构件之间的关系等。若地面装饰较为简单,可在平面布置图中一并表达,不必另行绘制。

对于全部或大部分装修的建筑,一般可套用原来的建筑平面图绘制整个房屋的装饰平面图,但不画室外非装饰范围部分。如果房屋对装修对象的内容、材料、色彩和作法差别较大,必须分别逐个施工,则从方便施工的角度考虑,更适宜单独绘制各空间的平面图样,并采用相对较大的比例,以便于注写各细部尺寸和文字说明(只要平面尺度不是很大,一般采用不小于1:50比例)。平面图中墙、柱断面轮廓线用粗实线绘制,家具、设施和装饰件用中实线或者双细线绘制,其他图线用细实线和细单点长画线绘制,可移动的家具、花卉、陈设品只需按比例绘制出简化投影轮廓及位置,不必标注尺寸。

在装饰平面图中,为简化构图并使图面清晰,常用图例来表示各常用设施及其构配件。但目前尚无统一标准,一般以象形、简洁为原则。

2. 图示内容及读图

(1)标注出图名及所用比例:装饰平面图的名称往往是直接按房间的功能、用途等命名的。如图 8 - 1 所示,图名为"某户型平面布置图 1:100"。

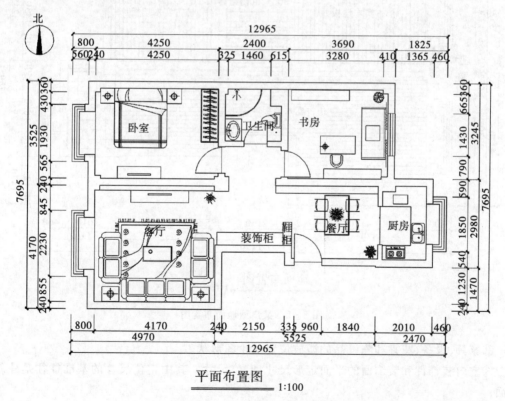

平面布置图
————1:100

图 8 - 1 某户型平面布置图

(2)表明建筑结构与构造的平面形状及基本尺寸:建筑物在装饰平面图中的平面尺寸常分为三个层次。最外一道是外包尺寸,表明建筑物的总长、总宽;第二道是轴间尺寸;第三道是表示门窗、墙垛、柱等的结构尺寸。如图8-1所示,靠外墙最近的一道尺寸表示门窗洞的宽度和位置,墙、柱的大小和位置等;在中间的第二道尺寸表示各房间的尺寸,即轴线间的距离;第三道尺寸表示房屋外轮廓的总尺寸。装饰一般标注外墙以内的尺寸(即为内部尺寸),它用于表示房间的净空大小、内墙上门窗洞宽度和位置、墙厚和固定设施的大小与位置。另外还可根据图中轴线编号和承重构件的布局,了解到装饰空间在整个建筑物中的位置及建筑结构类型。

(3)表明室内装饰布局的平面形式和位置。

①地面铺装材料及其工艺要求。应图示出室内楼地面材料的选用、颜色与分格尺寸以及地面标高等,对于拼花造型的地面,应标注造型的尺寸、材料名称等。

对于块状地面材料,应用细实线画出块材的分格线,以表示施工时的铺装方向,非整砖应排在最隐蔽的位置。本例为了清楚表达地面铺装材料及其工艺要求,另绘地面装饰平面图,如图8-2所示。

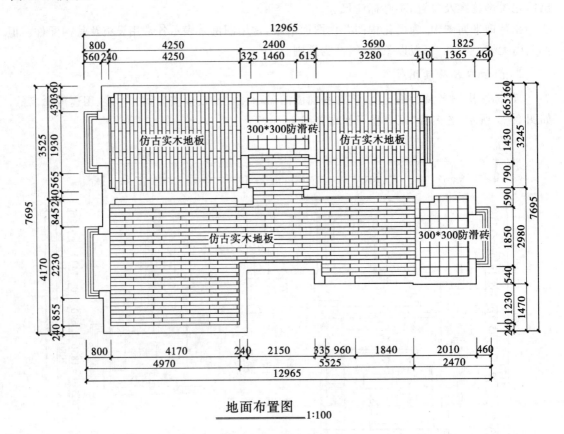

地面布置图 1:100

图8-2 某户型地面布置图

②家具、设备、花卉和陈设品的摆放位置及轮廓形状。

③室内装饰件和装饰面的平面定形尺寸、定位尺寸。其中定位尺寸的基准往往是建筑结构面。

(4)表明各立面图视图投影关系和视图位置编号。

为表示室内立面在平面图上的位置,应在平面图上用内视符号注明视点位置、方向及立面编号,或者另绘方向标布置图来表明各立面图视图投影关系,如图8-3所示。符号中的圆圈应用细直线绘制,根据图面比例,圆圈直径可选择8~12mm。立面编号宜用拉丁字母或数字,内视符号如图8-4所示。

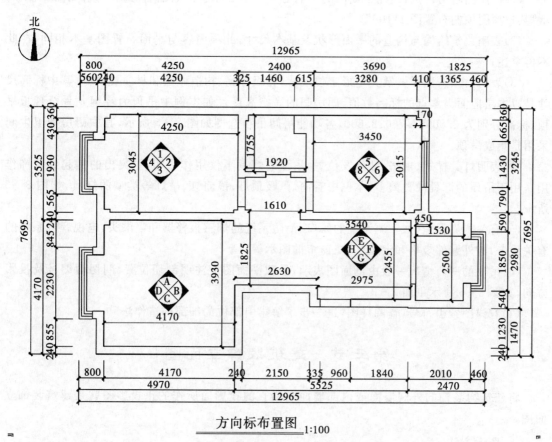

方向标布置图 1:100

图8-3 某户型方向标布置图

单面内视符号　　　双面内视符号　　　四面内视符号

图8-4 立面图的投影方向表示符号

(5)表明各剖面图的剖切位置、详图和通用配件等的位置和编号。

(6)对材料、工艺必要的文字说明,如本例中的地面布置图注明了楼地面材质。

二、顶棚平面图(又称吊顶平面图)

1. 图示方法

顶棚平面图是假想用一剖切平面,通过门窗洞上方将房屋剖开后对剖切平面上方的部分作镜像投影所得的图样,它用以表达顶棚造型、材质、灯具、消防和空调系统的位置。

顶棚平面图所用比例,一般与平面布置图相同,线性要求也与平面图一致。

2. 图示内容及读图

(1)标注图名与比例:顶棚平面图的图名必须与平面布置图的图名协调一致,如图8-5所示"某户型图顶棚布置图1:100"。

(2)表明建筑结构与构造的平面形状及基本尺寸,此项内容与平面布置图基本相同,在此不再赘述。

(3)表明吊顶造型样式及其定形定位尺寸,各级标高、构造做法和材质要求等,其中标高尺寸是以本层地面为零点的标高数值,即房间的净空高度。如本例中吊顶为轻钢龙骨石膏板吊顶,标高分别为2.800、2.700、2.600,各功能房间吊顶造型如图8-5所示,其中厨房和卫生间采用是集成吊顶。

(4)表明灯具样式、规格、数量及位置,吊顶的灯具不仅用作照明,更突出的是起到装饰作用。用于吊顶的灯具种类繁多,本例中有筒灯、吸顶灯、镜前灯、吊灯等类型的灯具,如图8-5所示。

(5)有关附属设施(如空调系统的风口、消防系统的烟感报警器和喷淋头,电视音响系统的有关设备)的外漏件规格和定位尺寸、窗帘的图示等。

(6)吊顶的凹凸情况一般由剖面图表示,吊顶平面图应注明剖切位置、剖切面编号及投影方向,如图8-5所示剖面2-2。

(7)看详图索引符号,查阅详图,进一步了解索引部位的细部构造做法。

第三节　建筑装饰立面图

将建筑物装饰的外观墙面或内部墙面向铅直的投影面所作的正投影图就是建筑装饰立面图。

一、图示方法

建筑装饰立面图是将房屋的室内墙面按内视投影符号的指向,向直立投影面所作的正投影图。它用于反映室内空间垂直方向的装饰设计形式、尺寸与作法、材料与色彩的选用等内容。如图8-6所示,即为客厅的A立面图、C图立面。

建筑装饰立面图的名称,应根据平面布置图中内视投影符号的编号或字母确定(如图8-7所示,即为卧室的1立面图),建筑装饰立面图应包括投影方向可见的室内轮廓线和装饰构造、门窗、构配件、墙面作法、固定家具、灯具等内容及必要的尺寸和标高,并需要表达非固定家具、装饰物件等情况。室内立面图的顶棚轮廓线,可根据情况只表达吊顶或同时表达吊顶及结构顶棚。

室内立面图的外轮廓用粗实线表示,墙面上的门窗及凸凹于墙面的造型用中实线表示,其他图示内容、尺寸标注、引出线等用细实线表示,室内立面图一般不画虚线。

室内立面图的常用比例为1:50,可用比例为1:30、1:40等。

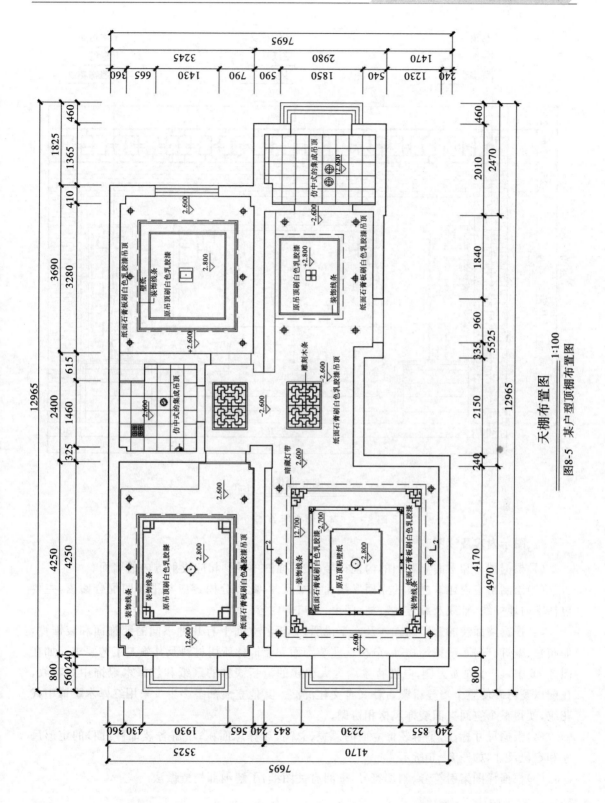

天棚布置图 1:100

图8-5 某户型顶棚布置图

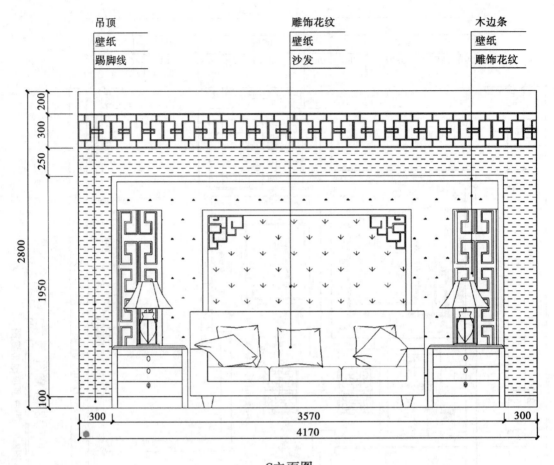

C立面图   1:50

图 8-6　某户型客厅 A、C 立面图

二、图示内容及读图

(1)根据图名和平面布置图的内视符号,在平面图中找到相应投射方向的墙面。

(2)绘制出室内建筑主体的立面形状和基本尺寸,此部分内容应与平面图配合阅读,主要包括室内地坪线,轴线及编号,墙、柱、门窗、洞口等内容。

(3)根据墙面装的造型的式样及文字说明,分析各立面上有几种不同的装饰面和装饰件,如布盒、壁灯、壁柜、壁挂饰物等,分析这些装饰面和装饰件所用材料及其施工工艺要求。如在图 8-6 中,以 A 立面为例,电视背景墙为大面积的清新淡雅的壁纸和红榉木雕饰中式花纹,在配以复古砖使整个墙显得既古朴又有文化沉淀。其他立面都多多少少采用红榉木雕饰中式花纹,使得整个空间立面装饰风格相协调。

(4)根据尺寸标注,了解装饰立面的总宽、总高,计算总面积;了解各装饰件(面)的定形尺寸和定位尺寸,如图 8-6 所示。

(5)根据详图索引符号、割切符号,查阅有关图纸,了解细部构造做法。

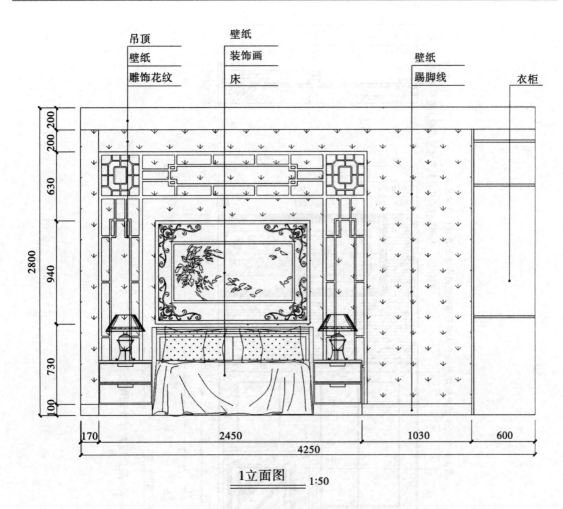

图 8-7　某户型卧室 1 立面图

第四节　建筑装饰剖面图与详图

建筑装饰剖面图与详图通常以剖面图或局部节点大样图来表达。剖面图是将装饰面整个剖切或局部剖切,以表达它内部构造和装饰面与建筑结构的相互关系的图样;节点大样是将在平面图、立面图和剖面图中未表达清楚的部分,以大比例绘制的图样。

装饰详图一般采用 1:1~1:20 的比例绘制。在装饰详图中剖切到的装饰体轮廓用粗实线绘制,未剖到但能看到的投影内容用细实线绘制。

建筑装饰剖面图与详图主要包括以下几种:

一、墙(柱)面装饰剖面图

墙身剖视图主要用来表示在内墙立面图中无法表现的各造型的厚度(即凹凸尺寸)、定形、定位尺寸,各装饰构件与建筑结构之间详细的连接与固定方式,各不同面层的收口工艺等。由于装饰面层的厚度较小,因此,一般用较大比例绘制(如 1:20 等);对于某些仍未表达清楚的细部,可根据索引符号找到其对应的局部放大图(即装饰详图)阅读,如图 8-8 所示。

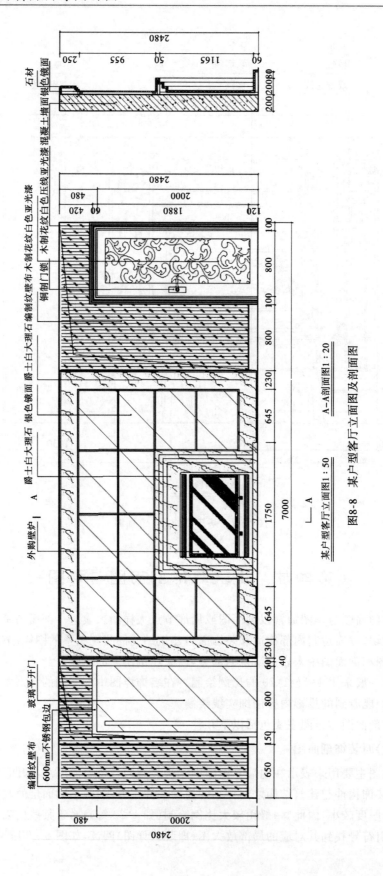

某户型客厅立面图1:50　　　　A—A剖面图1:20

某户型客厅立面图及剖面图

图8-8　某户型客厅立面图及剖面图

二、顶棚详图

吊顶剖面图主要用来表达吊顶的迭级造型构造及吊顶各层次标高、外形尺寸、定位尺寸（如图8-9所示为吊顶剖面图）。为了便于看图，它可以与顶棚布置图按投影关系，以相同比例布置在同一张图纸内，也可用较大比例绘制。

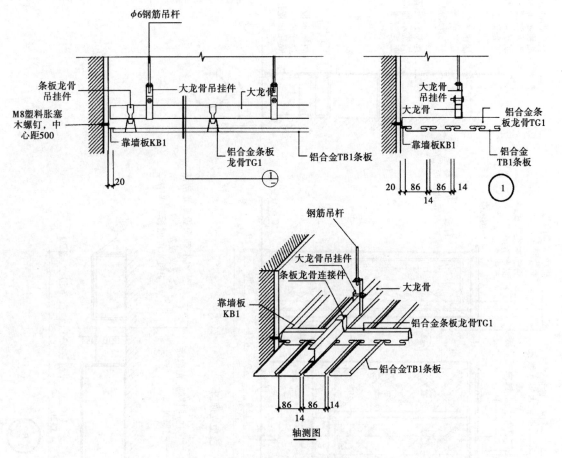

图8-9 吊顶剖面示意图

顶棚装饰可分直接式（即板底抹灰）和悬吊式顶棚装饰。悬吊式顶棚由吊筋（悬吊顶棚荷载的垂直受力杆件与楼板或屋架连接，下端与龙骨连接）、龙骨（吊顶的承重骨架，它承受面层的荷载，并通过吊筋传递到梁、板或屋架上）、面层三部分组成。对于吊顶剖面图，可从吊点、吊筋开始依主龙骨、次龙骨、基层板与饰面的顺序进行识读，注意分析各层次的材料与规格及其连接方法，尤其注意凹凸层面的边缘、灯槽以及各细部尺寸。

三、装饰造型详图

独立的或依附于墙柱的装饰造型，表现装饰的艺术氛围和情趣的构造体，如影视墙、花台、屏风、壁龛、栏杆造型等的平、立、剖面图及线角详图。

四、家具详图

家具详图主要指需要现场制作、加工、油漆的固定式家具，如衣柜、书柜、储藏柜等。有时也包括可移动家具，如床、书桌、展示台等（如图8-10酒柜详图所示）。

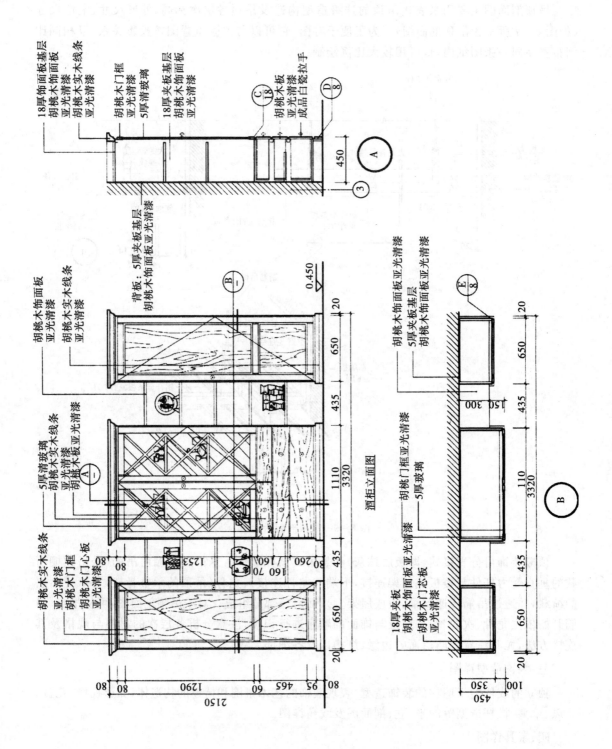

酒柜立面图

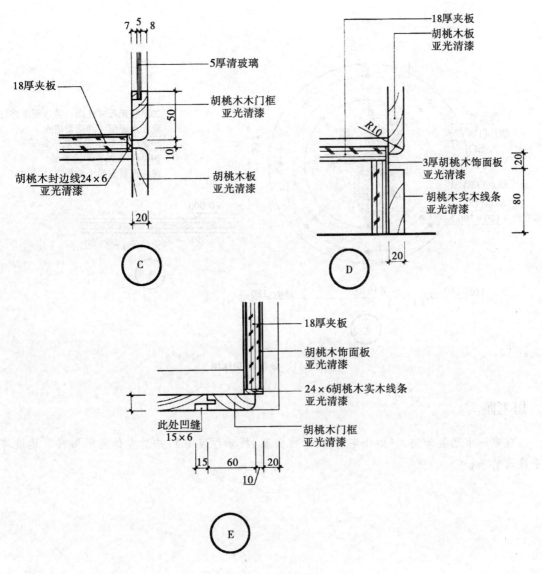

图 8-10　酒柜详图

五、装饰门窗及门窗套详图

门窗是装饰工程中的主要施工内容之一,其形式多种多样,在室内起着分割空间、烘托装饰效果的作用,它的样式、选材和工艺做法在装饰图中有特殊的地位。其图样有门窗及门窗套立面图、剖面图和节点详图。

六、其他装饰详图

(1)楼地面详图:反映地面的艺术造型及细部做法等内容(如图 8-11 地面拼花详图所示)。

(2)小品及饰物详图:小品、饰物详图包括雕塑、水景、指示牌、织物等的制作图。

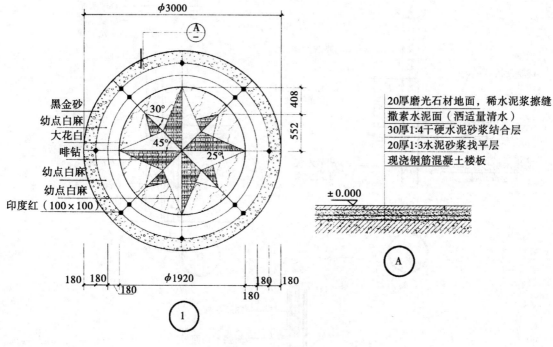

黑金砂
幼点白麻
大花白
啡钻
幼点白麻
幼点白麻
印度红（100×100）

20厚磨光石材地面，稀水泥浆擦缝
撒素水泥面（洒适量清水）
30厚1:4干硬水泥砂浆结合层
20厚1:3水泥砂浆找平层
现浇钢筋混凝土楼板

± 0.000

A

1

图 8-11 地面拼花详图

思考题

观察一个已装饰空间（如住宅的房间、办公室、娱乐厅室等），并思考如何用图样表达装饰手段及效果。

参 考 文 献

[1]　孙世青.建筑装饰制图与阴影透视[M].北京:科学出版社,2005.
[2]　李社生.建筑制图与识图[M].北京:科学出版社,2010.
[3]　赵方欣.建筑装饰制图[M].北京:北京理工大学出版社,2010.
[4]　孙靖立.建筑制图基础与阴影透视[M].北京:北京理工大学出版社,2013.

图书在版编目(CIP)数据

建筑装饰制图与识图/韩朝霞,吴伟轩,段晓伟主编. —西安:西安交通大学出版社,2016.8(2022.9 重印)
ISBN 978 - 7 - 5605 - 6219 - 3

Ⅰ.①建…　Ⅱ.①韩…②吴…③段…　Ⅲ.①建筑装饰-建筑制图-高等职业教育-教材②建筑装饰-建筑制图-识图-高等职业教育-教材　Ⅳ.①TU238

中国版本图书馆 CIP 数据核字(2016)第 203340 号

书　　名	建筑装饰制图与识图
主　　编	韩朝霞　吴伟轩　段晓伟
责任编辑	王建洪

出版发行	西安交通大学出版社
	(西安市兴庆南路 1 号　邮政编码 710048)
网　　址	http://www.xjtupress.com
电　　话	(029)82668357　82667874(市场营销中心)
	(029)82668315(总编办)
传　　真	(029)82668280
印　　刷	陕西时代支点印务有限公司
开　　本	787mm×1092mm　1/16　印张　9.125　字数　217 千字
版次印次	2017 年 4 月第 1 版　2022 年 9 月第 7 次印刷
书　　号	ISBN 978 - 7 - 5605 - 6219 - 3
定　　价	24.80 元

如发现印装质量问题,请与本社市场营销中心联系。
订购热线:(029)82665248　(029)82667874
投稿热线:(029)82668133　(029)82665379
读者信箱:xj_rwjg@126.com